交通运输专业能力评价教材

公路水运工程试验检测专业能力评价
——钢材类质量检测

交通运输部职业资格中心　　**组织编写**
河南交通投资集团有限公司　　**主　　编**

人民交通出版社
北京

内 容 提 要

本书为配合《公路水运工程试验检测专业能力评价标准（第二版）》的顺利实施、提高公路水运工程质量检测从业人员的理论技术水平而编写。本书系统阐述了与公路水运工程质量检测相关的法律法规、仪器设备管理、数据处理与分析、钢材类原材料相关的知识点，同时着重介绍了钢材与连接接头、钢筋焊接网，预应力混凝土用钢材及锚具、夹具、连接器，预应力混凝土用金属波纹管等的技术要求和检测检验方法。

本书可供从事钢材类检测机构管理人员和技术人员及相关研究人员参考，也可作为公路水运工程试验检测人员专业能力评价的培训参考教材。

图书在版编目（CIP）数据

公路水运工程试验检测专业能力评价：钢材类质量检测／交通运输部职业资格中心组织编写． — 北京：人民交通出版社股份有限公司，2024.7． — ISBN 978-7-114-19588-4

Ⅰ．TG142

中国国家版本馆 CIP 数据核字第 20243NS310 号

Gonglu Shuiyun Gongcheng Shiyan Jiance Zhuanye Nengli Pingjia——Gangcailei Zhiliang Jiance

书　　名：	公路水运工程试验检测专业能力评价——钢材类质量检测
著 作 者：	交通运输部职业资格中心
责任编辑：	黎小东　朱伟康
责任校对：	赵媛媛　魏佳宁
责任印制：	刘高彤
出版发行：	人民交通出版社
地　　址：	（100011）北京市朝阳区安定门外外馆斜街 3 号
网　　址：	http://www.ccpcl.com.cn
销售电话：	（010）59757973
总 经 销：	人民交通出版社发行部
经　　销：	各地新华书店
印　　刷：	北京市密东印刷有限公司
开　　本：	787×1092　1/16
印　　张：	11.5
字　　数：	278 千
版　　次：	2024 年 7 月　第 1 版
印　　次：	2024 年 7 月　第 1 次印刷
书　　号：	ISBN 978-7-114-19588-4
定　　价：	55.00 元

（有印刷、装订质量问题的图书，由本社负责调换）

《公路水运工程试验检测专业能力评价
——钢材类质量检测》

编 写 人 员

李保华　杨传嵩　刘　静　李　明　李　伟　王永霖　黄　辉

审 定 人 员

郭东华　冀孟恩　姜风华　吴佳晔　孙　鹏

PREFACE

随着公路水运工程的快速发展,质量检测工作在工程质量管控中的重要性日益凸显。公路水运工程质量检测是交通运输基础设施建设的关键环节,是工程验收、评定和技术状况评价的重要依据,在质量把关、隐患排查和安全监测等环节发挥着重要作用。

建设结构合理、素质优良的人才队伍,是不断提升交通建设工程质量,实现交通运输安全发展的重要保证。公路水运工程试验检测专业技术人员职业资格制度实施工作,为加快建设交通强国提供人才支撑、促进从业人员职业发展发挥了积极作用。但是,质量检测一线的部分从业人员长期从事某项或几项通用性专业性较强的职业活动,所掌握的专业能力相对单一,短期内取得国家职业资格证书的难度较大,专业能力水平缺乏评价手段和凭证。另外,已取得国家职业资格证书的从业人员也有夯实提升通用性专业性较强的职业活动专业能力的需求。为满足这些人员的专业能力评价需求,完善公路水运工程试验检测人员评价体系,推动公路水运工程试验检测人员安全意识、法律意识、职业道德和职业能力持续提升,我中心会同试验检测工作委员会组织编制了《公路水运工程试验检测专业能力评价标准(第二版)》(以下简称《标准》)。按照《标准》要求,各实施机构陆续开展了"公路水运工程试验检测人员专业能力"评价工作,受到了从业人员的广泛关注。

为了进一步配合《标准》的落地和实施,满足实施机构和检测人员的评价需求,我中心组织相关专家,依据国家现行法规和标准规范,结合实际工程需求编写了本教材。同时邀请业内专家对本教材进行了审稿和修订,确保了教材的实用性、权威性和科学性。

本教材的编写,旨在为公路水运工程试验检测人员提供一个全面、系统、实用的专业能力评价标准的学习参考。本教材内容涵盖了公路水运工程质量检测相关的法律法规、仪器设备管理、数据处理与分析、钢材类原材料相关的知识点,同时着重介绍了钢材与连接接头、钢筋焊接网,预应力混凝土用钢材及锚具、夹具、连接器,预应力混凝土用金属波纹管等的技术要求和检测检验方法。此外,还为检测人员提供了实用的试验技术指标汇总和工具,方便其在工作中使用。

本教材在编写和审定过程中,得到了河南交通投资集团有限公司、试验检测工作委员会、中路高科交通检测检验认证有限公司、北京中交华安科技有限公司、河南高速公路试验检测有限公司、中犇检测认证有限公司、河南省公路工程监理咨询有限公司、四川升拓检测技术股份有限公司等单位的大力支持,在此表示感谢!

由于水平有限,书中难免存在疏漏错误之处,希望广大读者和同行专家多提宝贵意见,以便进一步修改完善。

交通运输部职业资格中心
2024 年 7 月

CONTENTS

第一部分　基础知识

第二部分　专业知识

第一部分　基 础 知 识

第一章　政　策　法　规

在质量检测领域,法律法规是确保质量检测工作合法、规范、公正的重要保障。本章将介绍质量检测法律法规的基本内容,首先介绍《中华人民共和国产品质量法》,该法对产品质量的基本要求、检验方法、责任等方面作出规定,是质量检测法律法规的重要组成部分。其次介绍《中华人民共和国计量法》,该法对计量工作的基本原则、计量器具的制造、销售和使用等方面作出规定,是质量检测法律法规的基础性法律。此外,还将介绍《中华人民共和国安全生产法》《建设工程质量管理条例》《公路水运工程质量检测管理办法》《检验检测机构资质认定管理办法》等,这些法律法规及部门规章对公路水运工程质量检测的基本原则、程序、责任等方面作出规定,是质量检测法律法规的重要补充。

通过本章的学习,我们将了解质量检测法律法规的基本内容,包括相关法律条文的引用和释义。这将有助于我们更好地理解质量检测工作的法律框架,这些政策法规对于提高质量检测工作的合法性和有效性具有重要作用。

第一节　产品质量法

《中华人民共和国产品质量法》(以下简称《产品质量法》)是为了加强对产品质量的监督管理,提高产品质量水平,明确产品质量责任,保护消费者的合法权益,维护社会经济秩序而制定。

《产品质量法》由总则、产品质量的监督、生产者的产品质量责任和义务、销售者的产品质量责任和义务、损害赔偿、罚则、附则组成。本节主要介绍《产品质量法》中与工程建设相关的条款及释义。

一、总则

总则强调了立法的目的、适用范围。

第1条　为了加强对产品质量的监督管理,提高产品质量水平,明确产品质量责任,保护消费者的合法权益,维护社会经济秩序,制定本法。

制定产品质量法的主要目的:一是为了加强国家对产品质量的监督管理,促使生产者、销售者保证产品质量;二是为了明确产品质量责任,严厉惩治生产、销售假冒伪劣产品的违法行为;三是为了切实地保护用户、消费者的合法权益,完善我国的产品质量民事赔偿制度;四是为了遏制假冒伪劣产品的生产和流通,维护正常的社会经济秩序。

（1）"加强对产品质量的监督管理"，是指国家对产品质量采取必要的宏观管理和激励引导的措施，促使企业保证产品质量，并且通过加强对生产和流通领域的产品质量的监督检查，建立运用市场公平竞争、优胜劣汰制约假冒伪劣产品的机制，维护社会经济秩序。

（2）"产品质量"是指产品满足需要的适用性、安全性、可用性、可靠性、维修性、经济性和环境等所具有的特征和特性的总和。

（3）"用户"是指将产品用于社会集团消费和生产消费的企业、事业单位、社会组织等。

（4）"消费者"是指将产品用于个人生活消费的公民。

第 2 条　在中华人民共和国境内从事产品生产、销售活动，必须遵守本法。

本法所称产品是指经过加工、制作，用于销售的产品。

建设工程不适用本法规定；但是，建设工程使用的建筑材料、建筑构配件和设备，属于前款规定的产品范围的，适用本法规定。

由本条规定可以看出，交通建设工程所建设的公路、桥梁、隧道、码头等永久性设施，不是用于销售的产品，不适用《产品质量法》；但建设过程中所用到的原材料，如钢筋、水泥、外加剂等适用《产品质量法》。

第 8 条　国务院市场监督管理部门主管全国产品质量监督工作。国务院有关部门在各自的职责范围内负责产品质量监督工作。

县级以上地方市场监督管理部门主管本行政区域内的产品质量监督工作。县级以上地方人民政府有关部门在各自的职责范围内负责产品质量监督工作。

二、产品质量的监督

第 12 条　产品质量应当检验合格，不得以不合格产品冒充合格产品。

第 19 条　产品质量检验机构必须具备相应的检测条件和能力，经省级以上人民政府市场监督管理部门或者其授权的部门考核合格后，方可承担产品质量检验工作。法律、行政法规对产品质量检验机构另有规定的，依照有关法律、行政法规的规定执行。

第 21 条　产品质量检验机构、认证机构必须依法按照有关标准，客观、公正地出具检验结果或者认证证明。

产品质量认证机构应当依照国家规定对准许使用认证标志的产品进行认证后的跟踪检查；对不符合认证标准而使用认证标志的，要求其改正；情节严重的，取消其使用认证标志的资格。

第 25 条　市场监督管理部门或者其他国家机关以及产品质量检验机构不得向社会推荐生产者的产品；不得以对产品进行监制、监销等方式参与产品经营活动。

五、罚则

第 57 条　产品质量检验机构、认证机构伪造检验结果或者出具虚假证明的，责令改正，对单位处五万元以上十万元以下的罚款，对直接负责的主管人员和其他直接责任人员处一万元以上五万元以下的罚款；有违法所得的，并处没收违法所得；情节严重的，取消其检验资格、认证资格；构成犯罪的，依法追究刑事责任。

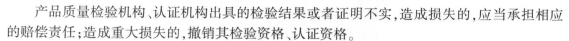

产品质量检验机构、认证机构出具的检验结果或者证明不实,造成损失的,应当承担相应的赔偿责任;造成重大损失的,撤销其检验资格、认证资格。

产品质量认证机构违反本法第二十一条第二款的规定,对不符合认证标准而使用认证标志的产品,未依法要求其改正或者取消其使用认证标志资格的,对因产品不符合认证标准给消费者造成的损失,与产品的生产者、销售者承担连带责任;情节严重的,撤销其认证资格。

《产品质量法》的全部条款和内容参见其原文。

第二节 计 量 法

《中华人民共和国计量法》(以下简称《计量法》)是为了加强计量监督管理,保障国家计量单位制的统一和量值的准确可靠,有利于生产、贸易和科学技术的发展,适应社会主义现代化建设的需要,维护国家、人民的利益而制定。

《计量法》由总则,计量基准器具、计量标准器具和计量检定,计量器具管理,计量监督,法律责任和附则组成。本节主要介绍《计量法》中与交通运输行业相关的条款及释义。

一、总则

第 3 条 国家实行法定计量单位制度。

国际单位制计量单位和国家选定的其他计量单位,为国家法定计量单位。国家法定计量单位的名称、符号由国务院公布。

因特殊需要采用非法定计量单位的管理办法,由国务院计量行政部门另行制定。

具体内容详见本部分第三章。

二、计量基准器具、计量标准器具和计量检定

第 5 条 国务院计量行政部门负责建立各种计量基准器具,作为统一全国量值的最高依据。

第 6 条 县级以上地方人民政府计量行政部门根据本地区的需要,建立社会公用计量标准器具,经上级人民政府计量行政部门主持考核合格后使用。

第 7 条 国务院有关主管部门和省、自治区、直辖市人民政府有关主管部门,根据本部门的特殊需要,可以建立本部门使用的计量标准器具,其各项最高计量标准器具经同级人民政府计量行政部门主持考核合格后使用。

(1)省级以上人民政府有关主管部门根据本部门的特殊需要建立的计量标准,在本部门内部使用,作为统一本部门量值的依据。

(2)"根据本部门的特殊需要",是指社会公用计量标准不能适应某部门专业特点的特殊需要。

(3)"主持考核"是指同级人民政府计量行政部门负责组织法定计量检定机构或授权的有关技术机构进行的考核。

第 8 条 企业、事业单位根据需要,可以建立本单位使用的计量标准器具,其各项最高计

量标准器具经有关人民政府计量行政部门主持考核合格后使用。

第9条 县级以上人民政府计量行政部门对社会公用计量标准器具,部门和企业、事业单位使用的最高计量标准器具,以及用于贸易结算、安全防护、医疗卫生、环境监测方面的列入强制检定目录的工作计量器具,实行强制检定。未按照规定申请检定或者检定不合格的,不得使用。实行强制检定的工作计量器具的目录和管理办法,由国务院制定。

对前款规定以外的其他计量标准器具和工作计量器具,使用单位应当自行定期检定或者送其他计量检定机构检定。

(1)"强制检定"是指由县级以上人民政府计量行政部门指定的法定计量检定机构或授权的计量检定机构,对强制检定的计量器具实行的定点定期检定。

(2)强制检定的检定周期由执行强制检定的计量检定机构根据计量检定规程,结合实际使用情况确定。

第10条 计量检定必须按照国家计量检定系统表进行。国家计量检定系统表由国务院计量行政部门制定。

计量检定必须执行计量检定规程。国家计量检定规程由国务院计量行政部门制定。没有国家计量检定规程的,由国务院有关主管部门和省、自治区、直辖市人民政府计量行政部门分别制定部门计量检定规程和地方计量检定规程。

(1)"国家计量检定系统表"是指从计量基准到各等级的计量标准直至工作计量器具的检定程序所作的技术规定,它由文字和框图构成,简称国家计量检定系统。

(2)"计量检定规程"是指对计量器具的计量性能、检定项目、检定条件、检定方法、检定周期以及检定数据处理等所作的技术规定,包括国家计量检定规程、部门和地方计量检定规程。

(3)国家计量检定规程由国务院计量行政部门制定,在全国范围内施行。没有国家计量检定规程的,国务院有关主管部门可制定部门计量检定规程,在本部门内施行。省、自治区、直辖市人民政府计量行政部门可制定地方计量检定规程,在本行政区内施行。部门和地方计量检定规程须向国务院计量行政部门备案。

第11条 计量检定工作应当按照经济合理的原则,就地就近进行。

(1)"经济合理"是指进行计量检定、组织量值传递要充分利用现有的计量检定设施,合理的部署计量检定网点。

(2)"就地就近"是指组织量值传递不受行政区划和部门管辖的限制。

四、计量监督

第18条 县级以上人民政府计量行政部门应当依法对制造、修理、销售、进口和使用计量器具,以及计量检定等相关计量活动进行监督检查。有关单位和个人不得拒绝、阻挠。

第20条 县级以上人民政府计量行政部门可以根据需要设置计量检定机构,或者授权其他单位的计量检定机构,执行强制检定和其他检定、测试任务。

执行前款规定的检定、测试任务的人员,必须经考核合格。

(1)"计量检定机构"是指承担计量检定工作的有关技术机构。

(2)"其他检定、测试任务",在具体应用时是指本法规定的计量标准考核,制造、修理计量器具条件的考核,定型鉴定,样机试验,仲裁检定,产品质量检验机构的计量认证,法定计量检

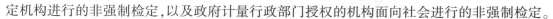

定机构进行的非强制检定,以及政府计量行政部门授权的机构面向社会进行的非强制检定。

（3）授权其他单位的计量检定机构,执行强制检定和其他检定、测试任务,在具体应用时采取以下形式:

①授权专业性或区域性计量检定机构,作为法定计量检定机构;

②授权有关技术机构建立社会公用计量标准;

③授权某一部门或某一单位的计量检定机构,对其内部使用的强制检定的计量器具执行强制检定;

④授权有关技术机构,承担法律规定的其他检定、测试任务。

第 21 条　处理因计量器具准确度所引起的纠纷,以国家计量基准器具或者社会公用计量标准器具检定的数据为准。

（1）以计量基准或社会公用计量标准检定的数据作为处理计量纠纷的依据,具有法律效力。

（2）用计量基准或社会公用计量标准所进行的以裁决为目的计量检定、测试活动,统称为仲裁检定。

第 22 条　为社会提供公证数据的产品质量检验机构,必须经省级以上人民政府计量行政部门对其计量检定、测试的能力和可靠性考核合格。

（1）省级以上人民政府计量行政部门对产品质量检验机构计量检定、测试的能力和可靠性考核合格,即为产品质量检验机构的计量认证。

（2）对产品质量检验机构的计量认证,是证明其在认证的范围内,具有为社会提供公证数据的资格。

（3）为社会提供公证数据的产品质量检验机构,是指面向社会从事产品质量评价工作的技术机构。

（4）对为社会提供公证数据的产品质量检验机构的计量检定、测试的能力和可靠性的考核,具体包括:

①计量检定、测试设备的性能;

②计量检定、测试设备的工作环境和人员的操作技能;

③保证量值统一、准确的措施及检测数据公正可靠的管理制度。

（5）对产品质量检验机构进行计量认证,由省级以上人民政府计量行政部门负责;具体考核工作,由其指定所属的计量检定机构或授权的技术机构进行。

在具体应用时,属全国性的产品质量检验机构,向国务院计量行政部门申请计量认证;属地方性的产品质量检验机构,向所在的省、自治区、直辖市人民政府计量行政部门申请。

（6）"必须经省级以上人民政府计量行政部门对其计量检定、测试的能力和可靠性考核合格",是指未取得计量认证合格证书的,不得开展产品质量检验工作。

五、法律责任

第 25 条　属于强制检定范围的计量器具,未按照规定申请检定或者检定不合格继续使用的,责令停止使用,可以并处罚款。

第 26 条　使用不合格的计量器具或者破坏计量器具准确度,给国家和消费者造成损失的,责令赔偿损失,没收计量器具和违法所得,可以并处罚款。

(1)本条规定的行政处罚适用于任何单位和个人。

(2)"使用不合格的计量器具",是指使用无检定合格印、证,或者超过检定周期,以及经检定不合格的计量器具。

《计量法》的全部条款和内容参见其原文。

第三节　安全生产法

全国人大常委会于 2021 年 6 月 10 日表决通过了《关于修改中华人民共和国安全生产法的决定》,修改后的《中华人民共和国安全生产法》(以下简称《安全生产法》)于 2021 年 9 月 1 日施行。

《安全生产法》由总则、生产经营单位的安全生产保障、从业人员的安全生产权利义务、安全生产的监督管理、生产安全事故的应急救援与调查处理、法律责任和附则组成。本节主要介绍《安全生产法》中与公路水运工程质量检测工作相关的条款。

一、总则

第 3 条　安全生产工作坚持中国共产党的领导。

安全生产工作应当以人为本,坚持人民至上、生命至上,把保护人民生命安全摆在首位,树牢安全发展理念,坚持安全第一、预防为主、综合治理的方针,从源头上防范化解重大安全风险。

安全生产工作实行管行业必须管安全、管业务必须管安全、管生产经营必须管安全,强化和落实生产经营单位主体责任与政府监管责任,建立生产经营单位负责、职工参与、政府监管、行业自律和社会监督的机制。

第 5 条　生产经营单位的主要负责人是本单位安全生产第一责任人,对本单位的安全生产工作全面负责。其他负责人对职责范围内的安全生产工作负责。

第 7 条　工会依法对安全生产工作进行监督。

生产经营单位的工会依法组织职工参加本单位安全生产工作的民主管理和民主监督,维护职工在安全生产方面的合法权益。生产经营单位制定或者修改有关安全生产的规章制度,应当听取工会的意见。

三、从业人员的安全生产权利义务

第 52 条　生产经营单位与从业人员订立的劳动合同,应当载明有关保障从业人员劳动安全、防止职业危害的事项,以及依法为从业人员办理工伤保险的事项。

生产经营单位不得以任何形式与从业人员订立协议,免除或者减轻其对从业人员因生产安全事故伤亡依法应承担的责任。

第 54 条　从业人员有权对本单位安全生产工作中存在的问题提出批评、检举、控告;有权拒绝违章指挥和强令冒险作业。

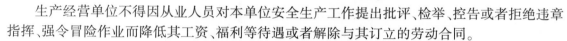

生产经营单位不得因从业人员对本单位安全生产工作提出批评、检举、控告或者拒绝违章指挥、强令冒险作业而降低其工资、福利等待遇或者解除与其订立的劳动合同。

第55条　从业人员发现直接危及人身安全的紧急情况时,有权停止作业或者在采取可能的应急措施后撤离作业场所。

生产经营单位不得因从业人员在前款紧急情况下停止作业或者采取紧急撤离措施而降低其工资、福利等待遇或者解除与其订立的劳动合同。

第56条　生产经营单位发生生产安全事故后,应当及时采取措施救治有关人员。

因生产安全事故受到损害的从业人员,除依法享有工伤保险外,依照有关民事法律尚有获得赔偿的权利的,有权提出赔偿要求。

第57条　从业人员在作业过程中,应当严格落实岗位安全责任,遵守本单位的安全生产规章制度和操作规程,服从管理,正确佩戴和使用劳动防护用品。

第58条　从业人员应当接受安全生产教育和培训,掌握本职工作所需的安全生产知识,提高安全生产技能,增强事故预防和应急处理能力。

第59条　从业人员发现事故隐患或者其他不安全因素,应当立即向现场安全生产管理人员或者本单位负责人报告;接到报告的人员应当及时予以处理。

第60条　工会有权对建设项目的安全设施与主体工程同时设计、同时施工、同时投入生产和使用进行监督,提出意见。

工会对生产经营单位违反安全生产法律、法规,侵犯从业人员合法权益的行为,有权要求纠正;发现生产经营单位违章指挥、强令冒险作业或者发现事故隐患时,有权提出解决的建议,生产经营单位应当及时研究答复;发现危及从业人员生命安全的情况时,有权向生产经营单位建议组织从业人员撤离危险场所,生产经营单位必须立即作出处理。

工会有权依法参加事故调查,向有关部门提出处理意见,并要求追究有关人员的责任。

第61条　生产经营单位使用被派遣劳动者的,被派遣劳动者享有本法规定的从业人员的权利,并应当履行本法规定的从业人员的义务。

四、安全生产的监督管理

第72条　承担安全评价、认证、检测、检验职责的机构应当具备国家规定的资质条件,并对其作出的安全评价、认证、检测、检验结果的合法性、真实性负责。资质条件由国务院应急管理部门会同国务院有关部门制定。

承担安全评价、认证、检测、检验职责的机构应当建立并实施服务公开和报告公开制度,不得租借资质、挂靠、出具虚假报告。

第74条　任何单位或者个人对事故隐患或者安全生产违法行为,均有权向负有安全生产监督管理职责的部门报告或者举报。

因安全生产违法行为造成重大事故隐患或者导致重大事故,致使国家利益或者社会公共利益受到侵害的,人民检察院可以根据民事诉讼法、行政诉讼法的相关规定提起公益诉讼。

七、附则

第117条　本法下列用语的含义:

危险物品,是指易燃易爆物品、危险化学品、放射性物品等能够危及人身安全和财产安全的物品。

重大危险源,是指长期地或者临时地生产、搬运、使用或者储存危险物品,且危险物品的数量等于或者超过临界量的单元(包括场所和设施)。

第 118 条 本法规定的生产安全一般事故、较大事故、重大事故、特别重大事故的划分标准由国务院规定。

国务院应急管理部门和其他负有安全生产监督管理职责的部门应当根据各自的职责分工,制定相关行业、领域重大危险源的辨识标准和重大事故隐患的判定标准。

《安全生产法》的全部条款和内容参见其原文。

第四节　建设工程质量管理条例

《建设工程质量管理条例》(国务院令第 279 号,以下简称《条例》)根据《中华人民共和国建筑法》制定,由总则,建设单位的质量责任和义务,勘察、设计单位的质量责任和义务,施工单位的质量责任和义务,工程监理单位的质量责任和义务,建设工程质量保修,监督管理,罚则,附则组成。本节就《条例》相关条款进行介绍。

一、总则

第 2 条 凡在中华人民共和国境内从事建设工程的新建、扩建、改建等有关活动及实施对建设工程质量监督管理的,必须遵守本条例。

本条例所称建设工程,是指土木工程、建筑工程、线路管道和设备安装工程及装修工程。

第 5 条 从事建设工程活动,必须严格执行基本建设程序,坚持先勘察、后设计、再施工的原则。县级以上人民政府及其有关部门不得超越权限审批建设项目或者擅自简化基本建设程序。

二、建设单位的质量责任和义务

第 10 条 建设工程发包单位,不得迫使承包方以低于成本的价格竞标,不得任意压缩合理工期。

建设单位不得明示或者暗示设计单位或者施工单位违反工程建设强制性标准,降低建设工程质量。

第 13 条 建设单位在开工前,应当按照国家有关规定办理工程质量监督手续,工程质量监督手续可以与施工许可证或者开工报告合并办理。

第 16 条 建设单位收到建设工程竣工报告后,应当组织设计、施工、工程监理等有关单位进行竣工验收。

建设工程竣工验收应当具备下列条件:

(1)完成建设工程设计和合同约定的各项内容;

(2)有完整的技术档案和施工管理资料;

(3)有工程使用的主要建筑材料、建筑构配件和设备的进场试验报告;

（4）有勘察、设计、施工、工程监理等单位分别签署的质量合格文件；

（5）有施工单位签署的工程保修书。

建设工程经验收合格的，方可交付使用。

第17条　建设单位应当严格按照国家有关档案管理的规定，及时收集、整理建设项目各环节的文件资料，建立、健全建设项目档案，并在建设工程竣工验收后，及时向建设行政主管部门或者其他有关部门移交建设项目档案。

四、施工单位的质量责任和义务

第29条　施工单位必须按照工程设计要求、施工技术标准和合同约定，对建筑材料、建筑构配件、设备和商品混凝土进行检验，检验应当有书面记录和专人签字；未经检验或者检验不合格的，不得使用。

第30条　施工单位必须建立、健全施工质量的检验制度，严格工序管理，作好隐蔽工程的质量检查和记录。隐蔽工程在隐蔽前，施工单位应当通知建设单位和建设工程质量监督机构。

第31条　施工人员对涉及结构安全的试块、试件以及有关材料，应当在建设单位或者工程监理单位监督下现场取样，并送具有相应资质等级的质量检测单位进行检测。

第32条　施工单位对施工中出现质量问题的建设工程或者竣工验收不合格的建设工程，应当负责返修。

第33条　施工单位应当建立、健全教育培训制度，加强对职工的教育培训；未经教育培训或者考核不合格的人员，不得上岗作业。

五、工程监理单位的质量责任和义务

第38条　监理工程师应当按照工程监理规范的要求，采取旁站、巡视和平行检验等形式，对建设工程实施监理。

七、监督管理

第43条　国家实行建设工程质量监督管理制度。

国务院建设行政主管部门对全国的建设工程质量实施统一监督管理。国务院铁路、交通、水利等有关部门按照国务院规定的职责分工，负责对全国的有关专业建设工程质量的监督管理。

县级以上地方人民政府建设行政主管部门对本行政区域内的建设工程质量实施监督管理。县级以上地方人民政府交通、水利等有关部门在各自的职责范围内，负责对本行政区域内的专业建设工程质量的监督管理。

第44条　国务院建设行政主管部门和国务院铁路、交通、水利等有关部门应当加强对有关建设工程质量的法律、法规和强制性标准执行情况的监督检查。

《建设工程质量管理条例》的全部条款和内容参见其原文。

第五节 公路水运工程质量检测管理办法

2005 年,交通部出台了《公路水运工程试验检测管理办法》(交通部令 2005 年第 12 号,2016 年、2019 年两次局部修订),建立了检测机构等级评定制度,系统规范了检测活动。2022 年 1 月,《国务院办公厅关于全面实行行政许可事项清单管理的通知》(国办发〔2022〕2 号)将"公路水运工程质量检测机构资质审批"明确为行政许可事项。为全面规范这一许可事项的实施,进一步健全事前事中事后全链条监管制度,交通运输部决定废止旧规章,制定并公布了《公路水运工程质量检测管理办法》(交通运输部令 2023 年第 9 号,以下简称《办法》),自 2023 年 10 月 1 日起施行。

《办法》由总则、检测机构资质管理、检测活动管理、监督管理、法律责任、附则组成,主要内容如下。

1. 建立检测机构许可制度

(1)实施分类分级许可。依据检测范围和检测能力,将检测机构资质分为公路工程和水运工程两个专业。其中,公路工程专业设甲、乙、丙级资质和交通工程专项、桥梁隧道工程专项资质;水运工程专业分为材料类和结构类,材料类设甲、乙、丙级资质,结构类设甲、乙级资质。申请人可以同时申请不同专业、不同等级检测机构资质。

(2)明确审批层级和许可条件。一是明确交通运输部负责公路工程甲级、交通工程专项、水运工程材料类甲级、结构类甲级检测机构的资质审批。其他检测机构资质审批由检测机构注册地的省级人民政府交通运输主管部门负责。二是从主体资格、检测人员、设施设备、场地环境、质量体系等方面规定了检测机构资质的许可条件、申请材料。

(3)规范专家技术评审。为保障检测机构资质审批科学公正,《办法》规定资质审批应当经过许可机关组织的专家技术评审,包括书面审查和现场核查两阶段,即:既需要书面审查申请人提交的全部材料,还应当对实际状况与申请材料的符合性、申请人完成质量检测项目的实际能力、质量保证体系运行等情况进行现场核查。同时明确了专家抽取要求、评审时限、评审报告内容。

(4)优化证书管理。一是明确证书延续审批原则上以专家书面审查为主,但对于存在特定违法行为的仍需开展现场核查。二是规范证书变更,要求许可机关对检测场所地址发生变更的情形应当开展现场核查;明确检测机构发生合并、分立、重组、改制等主体资格变更情形的,应当重新提交资质申请;对于其他不影响检测机构资质条件的事项变更,由检测机构主动申请后可直接予以变更。三是规范资质证书内容、有效期、遗失补发以及终止经营等事项。

2. 全面规范质量检测活动

(1)从工地试验室设置、质量保证体系运行、样品和档案管理、信息化建设等方面对检测机构予以全面规范,规定检测机构不得出具虚假检测报告,不得在同一项目标段中同时接受多方委托,不得转包、违规分包,对检测过程中发现的涉及工程主体结构安全的不合格项目应及时报告,不得转让、出租资质证书。

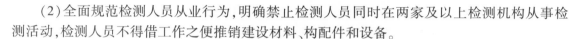

（2）全面规范检测人员从业行为,明确禁止检测人员同时在两家及以上检测机构从事检测活动,检测人员不得借工作之便推销建设材料、构配件和设备。

3.强化质量检测活动监管

（1）强化监督检查。一是规定交通运输主管部门应当加强对检测工作的监督检查,明确了监督检查具体内容和措施。二是规定部省两级交通运输主管部门应该组织比对试验,验证检测机构实际检测能力。三是强化社会监督,鼓励投诉举报涉及质量检测的违法违规行为,并要求主管部门及时核实处理。四是规定交通运输部统一负责质量检测信用管理,各级交通运输主管部门定期对检测机构和检测人员的从业行为开展信用管理。五是对于取得资质后不再符合相应资质条件的检测机构,由主管部门责令其限期整改并向社会公示。

（2）完善法律责任。根据《国务院关于进一步贯彻实施〈中华人民共和国行政处罚法〉的通知》（国发〔2021〕26号）有关规定,结合行业管理实际需要,在《办法》权限内,《办法》视具体违法情形对检测机构和检测人员的违法行为设置了警告、通报批评和不超过10万元的罚款。

此外,《办法》还授权交通运输部制定技术评审工作程序的配套文件,保障《办法》顺利实施。

本部分采用内容对比的形式对新旧《办法》进行了全面的介绍和比较,详见附录1,旨在帮助读者深入了解质量检测政策法规的发展历程和现状,掌握新《办法》的相关规定,提高对质量和安全性的检测水平。

第六节　公路水运工程质量检测机构资质等级条件

为推进《公路水运工程质量检测管理办法》（交通运输部令2023年第9号）落地实施,严格规范开展公路水运工程质量检测机构资质审批行政许可工作,交通运输部对原《公路水运工程试验检测机构等级标准》进行了修订,于2023年10月发布了《公路水运工程质量检测机构资质等级条件》（交安监发〔2023〕140号,以下简称《等级条件》）,适用于公路水运工程质量检测机构的资质等级划分和评定,包括不同等级资质的人员配备要求、质量检测能力基本要求及主要仪器设备、质量检测环境要求。具体内容详见附录2。

第七节　公路水运工程试验检测人员职业资格管理

根据《国务院机构改革和职能转变方案》和《国务院关于取消和调整一批行政审批项目等事项的决定》（国发〔2014〕50号）关于取消"公路水运试验检测人员资格许可和认定"的要求,为加强公路水运工程试验检测专业技术人员队伍建设,提高试验检测专业技术人员素质,人力资源社会保障部、交通运输部以人社部发〔2015〕59号文印发了《公路水运工程试验检测专业技术人员职业资格制度规定》（以下简称《职业资格制度规定》）和《公路水运工程试验检测专业技术人员职业资格考试实施办法》（以下简称《考试实施办法》）,这标志着公路水运工程试验检测专业技术人员水平评价类国家职业资格制度正式设立,顺利实现了职业资格制度向水平评价类国家职业资格制度的平稳过渡,面向全社会提供公路水运工程试验检测专业技术人员能力水平评价服务,满足了质量检测的工作需要。

公路水运工程试验检测专业技术人员职业资格为水平评价类职业资格,实行考试的评价方式,考生按自愿原则参加考试。通过考试并取得相应级别职业资格证书的人员,表明其已具备从事公路水运工程质量检测专业相应级别专业技术岗位工作的能力。为从业人员提升职业能力、扩大就业渠道提供了平台,为用人单位科学使用公路水运工程试验检测专业技术人才提供了依据。

水平评价类职业资格不实行准入控制和注册管理,但应按国家关于专业技术人员继续教育的有关规定参加继续教育,更新专业知识,不断提高职业素质和试验检测专业工作能力。

一、职业资格考试专业设置

《职业资格制度规定》第4条 公路水运工程试验检测人员职业资格包括道路工程、桥梁隧道工程、交通工程、水运结构与地基、水运材料5个专业,分为助理试验检测师和试验检测师2个级别。助理试验检测师和试验检测师职业资格实行考试的评价方式。

二、职业资格考试科目设置及周期管理

公路水运工程助理试验检测师和试验检测师职业资格考试,统一大纲、统一命题、统一组织。

《考试实施办法》第3条 公路水运工程助理试验检测师、试验检测师均设公共基础科目和专业科目,专业科目为《道路工程》《桥梁隧道工程》《交通工程》《水运结构与地基》和《水运材料》。公共基础科目考试时间为120分钟,专业科目考试时间为150分钟。

《考试实施办法》第4条 公路水运工程助理试验检测师、试验检测师考试成绩均实行2年为一个周期的滚动管理。在连续2个考试年度内,参加公共基础科目和任一专业科目的考试并合格,可取得相应专业和级别的公路水运工程试验检测专业技术人员职业资格证书。

三、试验检测人员报考条件

《职业资格制度规定》第10条 必须遵守国家法律、法规,恪守职业道德,并符合公路水运工程助理试验检测师和试验检测师职业资格考试报名条件的人员,均可申请参加相应级别职业资格考试。

《职业资格制度规定》第11条 符合下列条件之一者,可报考公路水运工程助理试验检测师职业资格考试:

(1)取得中专或高中学历,累计从事公路水运工程试验检测专业工作满4年;

(2)取得工学、理学、管理学学科门类专业大专学历,累计从事公路水运工程试验检测专业工作满2年或者取得其他学科门类专业大专学历,累计从事公路水运工程试验检测专业工作满3年;

(3)取得工学、理学、管理学学科门类专业大学本科及以上学历或学位;或者取得其他学科门类专业大学本科学历,从事公路水运工程试验检测专业工作满1年。

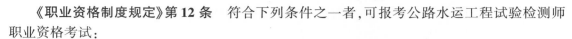

《**职业资格制度规定**》**第 12 条** 符合下列条件之一者,可报考公路水运工程试验检测师职业资格考试:

(1)取得中专或者高中学历,并取得公路水运工程助理试验检测师证书后,从事公路水运工程试验检测专业工作满 6 年;

(2)取得工学、理学、管理学学科门类专业大专学历,累计从事公路水运工程试验检测专业工作满 6 年;

(3)取得工学、理学、管理学学科门类专业大学本科学历或者学位,累计从事公路水运工程试验检测专业工作满 4 年;

(4)取得含工学、理学、管理学学科门类专业在内的双学士学位或者工学、理学、管理学学科门类专业研究生班毕业,累计从事公路水运工程试验检测专业工作满 2 年;

(5)取得工学、理学、管理学学科门类专业硕士学位,累计从事公路水运工程试验检测专业工作满 1 年;

(6)取得工学、理学、管理学学科门类专业博士学位;

(7)取得其他学科门类专业的上述学历或者学位人员,累计从事公路水运工程试验检测专业工作年限相应增加 1 年。

四、试验检测人员职业能力

《**职业资格制度规定**》**第 15 条** 取得公路水运工程试验检测职业资格证书的人员,应当遵守国家法律和相关法规,维护国家和社会公共利益,恪守职业道德。

《**职业资格制度规定**》**第 16 条** 取得公路水运工程助理试验检测师职业资格证书的人员,应当具备的职业能力:

(1)了解公路水运工程行业管理的法律法规和规章制度,熟悉公路水运工程试验检测管理的规定和实验室管理体系知识;

(2)熟悉主要的工程技术标准、规范、规程掌握所从事试验检测专业方向的试验检测方法和结果判定标准,较好识别和解决试验检测专业工作中的常见问题;

(3)独立完成常规性公路水运工程试验检测工作;

(4)编制试验检测报告。

《**职业资格制度规定**》**第 17 条** 取得公路水运工程试验检测师职业资格证书的人员,应当具备的职业能力:

(1)熟悉公路水运工程行业管理的法律法规、规章制度,工程技术标准、规范和规程掌握试验检测原理;掌握实验室管理体系知识和所从事试验检测专业方向的试验检测方法和结果判定标准;

(2)了解国内外工程试验检测行业的发展趋势,有较强的试验检测专业能力,独立完成较为复杂的试验检测工作和解决突发问题;

(3)熟练编制试验检测方案、组织实施试验检测活动、进行试验检测数据分析、编制和审核试验检测报告;

(4)指导本专业助理试验检测师工作。

《**职业资格制度规定**》**第 18 条** 公路水运工程试验检测职业资格证书的人员,应当按照

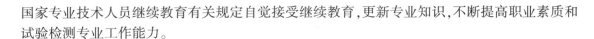

国家专业技术人员继续教育有关规定自觉接受继续教育,更新专业知识,不断提高职业素质和试验检测专业工作能力。

五、考试违规处理规定

《考试实施办法》第 10 条　对违反考试工作纪律和有关规定的人员,按照国家《专业技术人员资格考试违纪违规行为处理规定》处理。

《专业技术人员资格考试违纪违规行为处理规定》(人社部令 2017 年第 31 号)相关规定(第 6 条 ~ 第 11 条)如下:

第 6 条　应试人员在考试过程中有下列违纪违规行为之一的,给予其当次该科目考试成绩无效的处理:

(1)携带通讯工具、规定以外的电子用品或者与考试内容相关的资料进入座位,经提醒仍不改正的;

(2)经提醒仍不按规定书写、填涂本人身份和考试信息的;

(3)在试卷、答题纸、答题卡规定以外位置标注本人信息或者其他特殊标记的;

(4)未在规定座位参加考试,或者未经考试工作人员允许擅自离开座位或者考场,经提醒仍不改正的;

(5)未用规定的纸、笔作答,或者试卷前后作答笔迹不一致的;

(6)在考试开始信号发出前答题,或者在考试结束信号发出后继续答题的;

(7)将试卷、答题卡、答题纸带出考场的;

(8)故意损坏试卷、答题纸、答题卡、电子化系统设施的;

(9)未按规定使用考试系统,经提醒仍不改正的;

(10)其他应当给予当次该科目考试成绩无效处理的违纪违规行为。

第 7 条　应试人员在考试过程中有下列严重违纪违规行为之一的,给予其当次全部科目考试成绩无效的处理,并将其违纪违规行为记入专业技术人员资格考试诚信档案库,记录期限为五年:

(1)抄袭、协助他人抄袭试题答案或者与考试内容相关资料的;

(2)互相传递试卷、答题纸、答题卡、草稿纸等的;

(3)持伪造证件参加考试的;

(4)本人离开考场后,在考试结束前,传播考试试题及答案的;

(5)使用禁止带入考场的通讯工具、规定以外的电子用品的;

(6)其他应当给予当次全部科目考试成绩无效处理的严重违纪违规行为。

第 8 条　应试人员在考试过程中有下列特别严重违纪违规行为之一的,给予其当次全部科目考试成绩无效的处理,并将其违纪违规行为记入专业技术人员资格考试诚信档案库,长期记录:

(1)串通作弊或者参与有组织作弊的;

(2)代替他人或者让他人代替自己参加考试的;

(3)其他情节特别严重、影响恶劣的违纪违规行为。

第 9 条　应试人员应当自觉维护考试工作场所秩序,服从考试工作人员管理,有下列行为之一的,终止其继续参加考试,并责令离开考场;情节严重的,按照本规定第七条、第八条的规定处理;违反《中华人民共和国治安管理处罚法》等法律法规的,交由公安机关依法处理;构成犯罪的,依法追究刑事责任:

(1)故意扰乱考点、考场等考试工作场所秩序的;

(2)拒绝、妨碍考试工作人员履行管理职责的;

(3)威胁、侮辱、诽谤、诬陷工作人员或者其他应试人员的;

(4)其他扰乱考试管理秩序的行为。

第10条 应试人员有提供虚假证明材料或者以其他不正当手段取得相应资格证书或者成绩证明等严重违纪违规行为的,由证书签发机构宣布证书或者成绩证明无效,并按照本规定第七条处理。

第11条 在阅卷过程中发现应试人员之间同一科目作答内容雷同,并经阅卷专家组确认的,由考试机构或者考试主管部门给予其当次该科目考试成绩无效的处理。作答内容雷同的具体认定方法和标准,由省级以上考试机构确定。

应试人员之间同一科目作答内容雷同,并有其他相关证据证明其违纪违规行为成立的,视具体情形按照本规定第七条、第八条处理。

第八节 公路水运工程试验检测人员继续教育

为巩固并不断提高试验检测人员的能力和技术水平,适应公路水运工程质量检测工作发展需要,促进质量检测人员继续教育制度化、规范化、科学化,交通运输部于2011年10月发布了《公路水运工程试验检测人员继续教育办法(试行)》(厅质监字〔2011〕229号),明确了继续教育的目的和适用范围。通过继续教育,实现公路水运工程试验检测人员知识和技能的不断更新、补充、拓展和提高,完善知识结构,提高基本素质、创新能力和职业水平。

一、总则

第2条 本办法所称试验检测人员是指取得公路水运工程试验检测工程师和试验检测员证书的从业人员。

本办法所称继续教育是指为持续提高试验检测人员的专业技术和理论水平,在规定期限内完成的教育。

第3条 接受继续教育是试验检测人员的义务和权利。试验检测人员应按照本办法规定参加继续教育。

试验检测机构应督促本单位试验检测人员按要求参见继续教育,并保证试验检测人员参加继续教育的时间,提供必要的学习条件。

二、继续教育的组织

第5条 交通运输部工程质量监督局(简称"部质监局")主管全国公路水运工程试验检测人员继续教育工作,负责制定继续教育相关制度,确定继续教育主体内容,统一组织继续教育师资培训,监督、指导各省开展继续教育工作。部职业资格中心配合部质监局开展相关具体工作。

第6条 各省级交通运输主管部门质量监督机构(简称"省级质监机构")负责本省范围内试验检测人员继续教育工作,负责制定本行政区域继续教育相关制度和年度计划,结合实际确定继续教育补充内容,组织、协调本省继续教育工作。

第8条 省级质监机构应选择具备以下条件的继续教育机构进行委托:

(1)具有较丰富的公路、水运工程试验检测和工程经验,能够独立按照教学计划和有关规定开展继续教育相关工作;

(2)具有独立法人资格,具备完善的教学、师资等组织管理及评价体系;

(3)有不少于10名的师资人员;

(4)有教学场所、实操场所(如租用场所应至少有三年以上的协议);

(5)收支管理规范,有收费许可证、税务登记证能够按照相关规定核算有关费用,合理确定收费项目和收费标准。

(6)师资人员一般应具备以下条件:

①具有较高的政治、业务素质,较强的政策能力,在专业技术领域内有较高的理论水平和较丰富的工程经验;

②具有相关专业高级技术职称;

③通过部质监局组织的师资培训。

三、继续教育的实施

第10条 省级质监机构应根据部质监局确定的继续教育主体内容,结合实际制定并公布本省继续教育计划和内容,指导试验检测机构合理、有序地组织试验检测人员参加继续教育。

第11条 公路水运工程试验检测继续教育采取集中面授方式,逐步推行网络教学和远程教育。

第13条 继续教育的授课内容应突出实用性、先进性、科学性,侧重试验检测工作实际需要,注重与实际操作技能相结合,一般应包括:

(1)与试验检测工作有关的法律法规、标准、规范、规程;

(2)试验检测人员职业道德教育;

(3)试验检测业务的新理论、新方法;

(4)试验检测新技术、新设备;

(5)试验检测案例分析;

(6)实际操作技能;

(7)其他有关知识。

第15条 公路水运工程试验检测继续教育周期为2年(从取得证书的次年起计算)。试验检测人员在每个周期内接受继续教育的时间累计不应少于24学时。

第17条 试验检测人员的以下专业活动可以折算为继续教育学时。每个继续教育周期内,不同形式的专业活动折算的学时可叠加。

（1）参加试验检测考试大纲及考试用书编写工作的,折算 12 学时;

（2）参加试验检测考试命题工作的,折算 24 学时;

（3）参加试验检测工程师考试阅卷工作的,折算 12 学时;参加试验检测员考试阅卷工作的,折算 8 学时;

（4）担任继续教育师资的,折算 24 学时;

（5）参加部组织的机构评定、试验检测专项检查等专业活动的,折算 12 学时;

（6）参加省组织的机构评定、试验检测专项检查等专业活动的,折算 8 学时。

四、继续教育的监督检查

第 22 条 试验检测人员在继续教育过程中有弄虚作假、冒名顶替等行为的,取消其本周期内已取得的继续教育记录,并纳入诚信记录。

第九节 工地试验室标准化建设要点

工地试验室是检测机构设置在公路水运工程施工现场,提供设备、派驻人员,承担相应质量检测业务的临时工作场所。工地试验室随建设项目的开工而建立,随建设项目的结束而撤销。工地试验室作为工程质量控制和评判的重要数据来源,是工程建设质量保证体系的重要组成部分,其建设和管理水平将直接影响质量检测数据的客观性和准确性,影响对工程建设质量的过程控制、指导和最终评判。

为进一步加强工地试验室管理,规范质量检测行为,提高质量检测数据的客观性、准确性,保证公路水运工程质量,交通运输部出台了《关于进一步加强公路水运工程工地试验室管理工作的意见》(厅质监字〔2009〕183 号,以下简称《意见》)。《意见》对设立工地试验室的条件、责任、管理等方面提出了指导意见。为加快推行现代工程管理,提升工程质量、安全管理水平,交通运输部自 2011 年起,在全国开展高速公路施工标准化活动,并在 2012 年出台了《关于印发工地试验室标准化建设要点的通知》(厅质监字〔2012〕200 号,以下简称《要点》)。同时,为进一步细化和统一各项标准化建设指标和要求,交通运输部组织编写了《公路工程工地试验室标准化建设指南》(以下简称《指南》),以扎实有效推动工地试验室标准化建设和管理工作。本节就工地试验室设立、管理等有关要求进行详细阐述。

一、工地试验室设立的原则和基本要求

1. 工地试验室设立的原则

取得《等级证书》的检测机构,可设立工地试验室,承担相应公路水运工程的试验检测业务,并对其试验检测结果承担责任。

2. 工地试验室设立的基本要求

工地试验室必须由取得《等级证书》的检测机构设立。按合同段划分单独设立,工程线路跨度较大时,应设立分支工地试验室。分支工地试验室作为工地试验室的组成部分,也应按照

标准化建设要求建设,并接受项目质监机构的监管。

工地试验室标准化建设应坚持因地制宜、量力而行、务求实效和经济适用的工作原则。各功能室分区设置,布局合理、互不干扰、经济适用,目标是保证质量检测数据的准确性和客观性,而不是过分要求加大投入,片面追求表面效应,而忽视了标准化建设本身的内涵。

工地试验室所从事的检测业务范围也必须是《等级证书》核定的检测业务范围,不能超范围开展检测工作。凡是工地试验室的母体试验检测机构(以下简称"母体")不具备《等级证书》的,其所出具的数据将不能作为公路水运工程质量评定和工程验收的依据,质监机构将不予认可。

其次,由于建设规模的差异或建设项目工地与母体相距较近,可以利用母体或距离工地现场不远的第三方检测机构完成质量检测,原则是方便服务且经济。如果需要设立,公路水运工程建设项目建设单位应在招标文件、合同文件中明确工地试验室的检测能力、人员、仪器设备配备要求,督促中标单位保证工地试验室的投入,加强对工地试验室质量检测工作的监督检查。

二、工地试验室的管理要求

(1)任何单位不得干预工地试验室独立、客观地开展试验检测活动。

(2)设立工地试验室的母体,应当在其等级证书核定的业务范围内,根据工程现场管理需要或合同约定,对工地试验室进行授权。工地试验室设立授权书包括工地试验室可开展的试验检测项目及参数、授权负责人、授权工地试验室的公章、授权期限等。授权书应加盖母体公章及等级专用标识章。

授权人应考虑被授权人的证书专业领域是否涵盖工地现场授权的参数范围,避免超领域签发报告。

(3)当工地现场需要的试验检测参数超出母体《等级证书》范围时,应当委托具有行业《等级证书》且通过计量认证的机构,参数超出《等级条件》的范围时,应当委托通过计量认证的机构。

(4)工地试验室应在母体授权的范围内,为工程建设项目提供试验检测服务,不得对外承揽试验检测业务。

工地试验室开展试验检测工作,应由具有等级的母体有效授权,并建立完善的质量保证体系和管理制度。强调母体对外派工地试验室的管理职责,通过母体对工地的管理,提高工地试验室检测水平,保障工程质量。

当母体对工地试验室检测参数采取部分授权时,未授权的参数可以由母体实施检测,也可以选择委托第三方其他等级机构实施检测。

三、工地试验室备案程序

工地试验室备案设立实行登记备案制。具体按照母体授权→工地试验室填写"公路水运工程工地试验室备案登记表"→建设单位初审→质监机构登记备案→通过时出具"公路水运

工程工地试验室备案通知书"的流程。

工地试验室被授权的试验检测项目及参数,或试验检测持证人员进行变更的,应当由母体报经建设单位同意后,向项目质监机构备案。

四、工地试验室与授权母体的关系

母体应加强对授权工地试验室的管理和指导,根据工程现场管理需要或合同约定,合理配备工地试验室试验检测人员和仪器设备,并对工地试验室试验检测结果的真实性和准确性负责。

(1)工地试验室是由母体派出,代表母体在工地现场从事检测工作,工地试验室的工作质量和管理水平直接反映母体的水平,尤其是施工单位的母体更多履行的是管理职能,其检测业绩大多是通过工地检测报告反映,需要将工地试验室的相关资料(如授权书、备案通知书、设备的使用记录、检测的原始记录、检测台账等)在工程完工后移交母体检测机构,是母体业绩的证明材料。

(2)工地试验室应按照母体质量管理体系及工地试验室管理程序的要求,建立完整的试验检测人员技术档案、仪器设备管理档案和试验检测业务档案,严格按照试验检测规程操作,并做到试验检测台账、仪器设备使用记录、试验检测原始记录、试验检测报告相互对应。记录和试验检测报告的签字人必须是专业满足签字领域的持证人员。

(3)工地试验室试验检测环境(包括所设立的养护室、样品室、留样室等)应满足试验检测规程要求和试验检测工作需要。鼓励工地试验室推行标准化、信息化管理。

(4)工地试验室出具的试验检测报告应加盖工地试验室印章,印章包含的基本信息有母体名称+建设项目标段名称+工地试验室。

五、工地试验室人员配置的要求及职责

1. 工地试验室人员配置的要求

工地试验室应根据工程内容、规模、工期要求和工作距离等因素,科学合理地配备试验检测人员数量,确保试验检测工作正常、有序开展。所有试验检测人员均应持证上岗,并在母体注册登记,不得同时受聘于两家或两家以上的工地试验室。试验检测人员专业应配置合理,能涵盖工程涉及的专业范围和内容。

工地试验室不得聘用信用较差或很差的试验检测人员担任授权负责人,不得聘用信用很差的试验检测人员从事试验检测工作。

工地试验室实行授权负责人责任制。工地试验室授权负责人对工地试验室运行管理工作和试验检测活动全面负责,授权负责人必须是母体委派的正式聘用人员,且须持有试验检测工程师证书。

2. 人员职责

授权负责人有以下职责:

(1)审定和管理工地试验室资源配置,确保工地试验室人员、设备、环境等满足试验检测

工作需要审核或签发工地试验室出具的试验检测报告,对试验检测数据及报告的真实性、准确性负责对违规人员有权辞退。

(2)建立完善的工地试验室质量保证体系和管理制度,包括人员、设备、环境以及试验检测流程、样品管理、操作规程、不合格品处理等各项制度,监督各项制度的有效执行。

(3)严格按照国家和行业标准、规范、规程以及合同的约定独立开展试验检测工作。有权拒绝影响试验检测活动公正性、独立性的外部干扰和影响,保证试验检测数据客观、公正、准确。

(4)实行不合格品报告制度,对于签发的涉及结构安全的产品或试验检测项目不合格报告,工地试验室授权负责人应在2个工作日之内报送试验检测委托方,抄送项目质量监督机构,并建立不合格试验检测项目台账。

3. 岗位能力要求

(1)授权负责人应掌握一定的管理知识,有较丰富的管理经验,能够合理、有效地利用工地试验室配备的各种资源熟悉质量管理体系,具有较好的组织协调、沟通以及解决和处理问题的能力。

(2)试验检测工程师应具有审核报告的能力,能够正确使用标准、规范、规程对试验结果进行分析、判断和评价,具备异常试验检测数据的分析判断和质量事故处理的能力。

(3)试验检测员应熟练掌握专业基础知识、试验检测方法和工作程序,能够熟练操作仪器设备,规范、客观准确地填写各种试验检测记录和报告。

(4)设备管理员应熟悉试验检测仪器设备的工作原理、技术指标和使用方法,具备仪器设备故障产生的原因和对试验检测数据准确性影响的分析判断能力,具有对仪器设备简单维修、维护保养的专业知识和能力。

(5)样品管理员应掌握一定的质量管理基础知识,熟悉样品管理工作流程,取、留样方法、数量和方式等,能够严格执行样品管理制度,对样品的整个流转过程进行有效控制,确保试验检测工作顺利进行。

(6)资料管理员应熟悉国家、行业和建设项目有关档案资料管理基础知识和要求,能够严格执行档案资料管理制度,及时、规范完成资料汇总和整理归档等工作,并不断完善档案资料管理。

工地试验室应根据配置人员的实际情况,可设置专职人员,也可由兼职的试验人员履行设备、样品、资料管理员相应岗位职责,前提是试验检测人员要具备相应能力。

六、工地试验室授权负责人的管理

(1)母体应制定工地试验室授权负责人管理制度,对其工作进行监督管理。

(2)质监机构应建立工地试验室授权负责人专用信息库,加强监督检查。

(3)工地试验室授权负责人变更,需由母体提出申请,经项目建设单位同意后报项目质监机构备案。擅自离岗或同时任职于两家及以上工地试验室,均视为违规行为。

第十节 检验检测机构资质认定管理

一、检验检测机构资质认定管理办法

2015 年 4 月国家质量监督检验检疫总局发布了《检验检测机构资质认定管理办法》(国家质量监督检验检疫总局令第 163 号,以下简称《办法》),并于 2015 年 8 月 1 日实施。近年来,为深入贯彻"放管服"改革要求,落实"证照分离"工作部署,依照《优化营商环境条例》(国务院令第 722 号)、《国务院办公厅关于深化商事制度改革进一步为企业松绑减负激发企业活力的通知》(国办发〔2020〕29 号)等文件要求,国家市场监督管理总局积极推动检验检测机构资质认定改革,优化检验检测机构准入服务,在 2019 年发布了《关于进一步推进检验检测机构资质认定改革工作的意见》(国市监检测〔2019〕206 号),推动实施依法界定检验检测机构资质认定范围,试点告知承诺制度,优化准入服务,便利机构取证,整合检验检测机构资质认定证书等改革措施。

随着国家"放管服"改革的深化,根据 2021 年 4 月 2 日《国家市场监管总局关于废止和修改部分规章的决定》(国家市场监督管理总局令第 61 号)再次对《办法》进行了修改。修改后的《办法》规定:"在中华人民共和国境内对检验检测机构实施资质认定,应当遵守本办法。法律、行政法规对检验检测机构资质认定另有规定的,依照其规定。"

修改后的《办法》由总则、资质认定条件和程序、技术评审管理、监督检查、附则组成。下面将《办法》修改的有关情况、主要内容介绍如下。

1. 修改的有关情况

按照实施更加规范、要求更加明确、准入更加便捷和运行更加高效的原则,对《办法》的部分条款进行了修改,内容主要涉及告知承诺制度、实施范围、优化服务、固化疫情防控措施四个方面:

(1)明确资质认定事项实行清单管理的要求。为避免重复审批,解决资质认定事项范围不统一问题,在《办法》第五条中明确规定"法律、行政法规规定应当取得资质认定的事项清单,由市场监管总局制定并公布,并根据法律、行政法规的调整实行动态管理",从制度层面明确依法界定并细化资质认定实施范围,逐步实现动态化管理。

(2)明确实施告知承诺的程序和要求。依照《优化营商环境条例》和国务院改革文件的要求,总结检验检测机构资质认定告知承诺试点情况,在《办法》第十条和第十二条,规定检验检测机构申请资质认定时,可以自主选择一般程序或者告知承诺程序。同时,在第十二条规定了资质认定部门作出许可决定前,申请人有合理理由的,可以撤回告知承诺申请。为行政相对人提供了更多选择。

(3)固化优化准入服务便利机构的措施。《办法》第一条中将"优化准入程序"作为本次修改的立法目的,并明确规定了检验检测机构资质认定工作中应当遵循"便利高效"的原则。同时,对优化准入服务,便利机构的具体措施予以固化:一是明确提出了检验检测机构资质认定推行网上审批,有条件的市场监督管理部门可以颁发资质认定电子证书;二是进一步压缩了许可时限,审批时限压缩至 10 个工作日内,技术评审时限压缩至 30 个工作日内;三是对上一许可周期内无违反市场监管法律、法规、规章行为的检验检测机构,可以采取书面审查方式,予以延续资质认定证书有效期。

(4)固化疫情防控长效化措施。为应对新冠疫情,服务复工复产,检验检测机构资质认定对现场技术评审环节进行了优化,推出了远程评审等有效措施。此次修改在涉及现场技术评审的条款中对"远程评审"的方式予以了明确,使疫情防控的有效措施长效化。同时,为应对突发事件等工作需要,增加了"因应对突发事件等需要,资质认定部门可以公布符合应急工作要求的检验检测机构名录及相关信息,允许相关检验检测机构临时承担应急工作"的条款,以保证应急所需的检验检测技术支撑。

此外,为强化检验检测机构事中事后监管,进一步规范检验检测市场,将《办法》中关于检验检测机构从业规范、监督管理、法律责任的相关内容调整至《检验检测机构监督管理办法》。

2. 主要内容

第 1 章总则。主要规定了立法目的和依据、检验检测机构和资质认定定义、适用范围、管理体制、资质认定基本规定、资质认定基本原则等内容。检验检测机构的属性为专业技术组织,必须依法成立,开展检验检测活动必须有技术依据,利用技术条件和专业技能取得数据、结果,必须能够承担相应的法律责任。

第 2 章资质认定条件和程序。主要规定了资质认定分级实施、申请资质认定条件、资质认定程序、资质认定有效期及复查换证程序、需要办理变更手续事项、资质认证证书和标志、外资机构申请资质认定、检验检测机构分支机构申请资质认定等内容。检验检测机构首先是依法成立并能够承担相应法律责任的法人或者其他组织,需要具备与所开展检验检测活动相适应的人员、工作场所、仪器设备、管理体系,向国家认监委或者省级资质认定部门提交书面申请和相关材料,并对其真实性负责。

第 3 章技术评审管理。主要规定了技术评审的组织、要求和责任、发现不符合项时处理措施、资评审人员管理、技术评审活动监督、技术评审禁止性规定和处理措施等内容。

第 4 章监督检查。主要规定了监管机制、注销资质认定、撤销资质认定、对违反办法的处罚规定、举报制度等。资质认定部门应当依据本章确定的监管职责分工和监督管理方式,制定相应的监督管理制度和措施,并据此组织开展监督管理工作。检验检测机构应当结合本章的要求,完善其质量管理体系,并自觉接受资质认定部门的监督管理。

修改后的《检验检测机构资质认定管理办法》的具体内容参见其原文。

二、检验检测机构资质认定评审准则

为落实《质量强国建设纲要》关于深化检验检测机构资质审批制度改革、全面实施告知承诺和优化审批服务的要求,国家市场监督管理总局于 2023 年 5 月正式发布修订后的《检验检测机构资质认定评审准则》(国家市场监督管理总局 2023 年第 21 号公告,以下简称《评审准则》),自 2023 年 12 月 1 日起施行。

《评审准则》作为技术评审活动的直接依据,需按照前述的修改后的《检验检测机构资质认定管理办法》进行调整完善,细化工作要求,增强改革政策的可操作性,提高许可的规范性

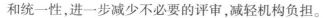

和统一性,进一步减少不必要的评审,减轻机构负担。

《评审准则》由总则、评审内容与要求、评审方式与程序、附则共 4 章正文和 4 个附件组成。

(一)总则

(1)目的:依法实施《检验检测机构资质认定管理办法》相关资质认定技术评审要求。

(2)适用范围:检验检测机构资质认定技术评审(含告知承诺核查)工作。

(3)相关定义。

检验检测机构:指依法成立,对产品或者法律法规规定的特定对象进行检验检测的专业技术组织。

资质认定:指基本条件和技术能力是否符合法定要求的评价许可。依据《评审准则》由评审人员开展的技术性审查完成资质认定技术评审。

资质认定技术评审:指对检验检测机构申请的资质认定事项是否符合资质认定条件及相关要求的技术性审查。

(4)告知承诺现场核查。对于采用告知承诺程序实施资质认定的,对检验检测机构承诺内容是否属实进行现场核查的内容与程序,应当符合本准则的相关规定。

(5)实施技术评审工作的原则:统一规范、客观公正、科学准确、公开公平、便利高效。

(二)评审内容与要求

1. 机构主体

法律地位:依法成立的法人或者其他组织,对检验检测数据、结果承担法律责任。非独立法人应经所在法人单位授权。

公开自我承诺:遵守法定要求、独立公正从业、履行社会责任、严守诚实信用。

独立公正:保证检验检测数据和结果公正准确、可追溯。

保密义务:制定实施相应的保密措施。

2. 人员

建立劳动关系,并符合法律、行政法规对检验检测人员职业资格或禁止从业的规定。

人员受教育程度、专业技术背景、工作经历、资质资格、技术能力应符合工作需要。

授权签字人应具有中级及以上相关专业技术职称或同等能力并符合相关技术能力要求。

3. 场所环境

应当具有固定的工作场所,在此基础上还可以有符合标准或技术规范要求的临时、可移动或多地点的场所。

工作环境和安全条件符合检验检测活动要求。

4. 设备设施

应配备具有独立支配使用权、性能符合工作要求的设备和设施。

影响检验检测结果准确性的设备应实施检定、校准或核查,保证计量溯源性要求。

标准物质应满足计量溯源性要求。

5. 管理体系

建立依据:法律法规、国家标准、行业标准、国际标准。

建立流程:建立质量管理体系→符合自身实际情况并有效运行→质量管理体系。

6. 合同评审

开展有效合同评审,发生的偏离应征得客户同意并通知相关人员。

7. 服务和供应品采购

服务和供应品采购应符合检验检测质量工作需求。

8. 方法控制

能正确使用有效的方法开展检验检测活动。

标准方法:方法验证→正确使用有效方法;

非标准方法:方法确认→方法验证→正确使用有效方法。

9. 检测报告

客观真实、方法有效、数据完整、信息齐全、结论明确、表述清晰,使用法定计量单位。

10. 报告测量不确定度

使用的方法或判定规则有测量不确定度要求时,应报告测量不确定度。

11. 记录管理

记录管理包括记录的标识、贮存、保护、归档、处置;信息应充分、清晰、完整,保存不少于6年。

12. 结果质量控制

应实施有效的数据、结果质量控制活动。

内部质量控制活动:人员比对、设备比对、留样再测、盲样考核;

外部质量控制活动:能力验证、实验室间比对。

(三)评审方式与程序

1. 资质认定一般程序

检验检测机构资质认定一般程序的技术评审方式包括:现场评审、书面审查和远程评审,三种评审方式的适用范围、结论见表1-1-1。

资质认定一般程序的技术评审方式　　　　表1-1-1

技术评审方式	适用范围	结论
现场评审	适用于首次评审、扩项评审、复查换证(有实际能力变化时)评审、发生变更事项影响其符合资质认定条件和要求的变更评审	"符合""基本符合""不符合"三种情形

续上表

技术评审方式	适用范围	结论
书面审查	适用于已获资质认定技术能力内的少量参数扩项或变更(不影响其符合资质认定条件和要求)和上一许可周期内无违法违规行为、未列入失信名单且申请事项无实质性变化的检验检测机构的复查换证评审	"符合""不符合"两种情形
远程评审	(1)由于不可抗力(疫情、安全、旅途限制等)无法前往现场评审; (2)检验检测机构从事完全相同的检测活动有多个地点,各地点均运行相同的质量管理体系,且可以在任何一个地点查阅所有其他地点的电子记录及数据; (3)已获资质认定技术能力内的少量参数变更及扩项; (4)现场评审后需要进行跟踪评审,但跟踪评审无法在规定时间内完成	"符合""基本符合""不符合"三种情形

2.资质认定告知承诺程序

应当对检验检测机构承诺的真实性进行现场核查,现场核查程序参照一般程序的现场评审方式进行;核查结论分为"承诺属实""承诺基本属实""承诺严重不实/虚假承诺"三种情形;根据结论通知申请人整改或向资质认定部门作出撤销相应许可事项的建议。

新版《检验检测机构资质认定评审准则》的具体内容参见其原文。

第十一节　检验检测机构监督管理办法

《检验检测机构监督管理办法》(国家市场监督管理总局令第39号,以下简称《办法》)是为了加强检验检测机构监督管理工作,规范检验检测机构从业行为,营造公平有序的检验检测市场环境,依照《中华人民共和国计量法》及其实施细则、《中华人民共和国认证认可条例》等法律、行政法规而制定,于2021年4月8日颁布。《办法》立足于解决现阶段检验检测市场存在的主要问题,着眼于促进检验检测行业健康、有序发展,对压实从业机构主体责任、强化事中事后监管、严厉打击不实和虚假检验检测行为具有重要现实意义。

一、立法背景和目的

(1)夯实检验检测机构主体责任。党的十九届五中全会提出,坚定不移建设制造强国、质量强国,完善国家质量基础设施。《国务院关于加强质量认证体系建设促进全面质量管理的意见》(国发〔2018〕3号)提出,要严格落实从业机构对检验检测结果的主体责任、对产品质量的连带责任,健全对参与检验检测活动从业人员的全过程责任追究机制。现有法律、行政法规对于检验检测机构主体责任和行为规范的规定较为原则,需要在部门规章中进一步明确细化。

(2)强化检验检测系统性监管。《国务院关于在市场监管领域全面推行部门联合"双随机、一公开"监管的意见》(国发〔2019〕5号)、《国务院关于加强和规范事中事后监管的指导意见》(国发〔2019〕18号)提出,要转变政府职能,进一步加强和规范事中事后监管,以公正监管促进公平竞争。现有《检验检测机构资质认定管理办法》等规章偏重于技术准入,监管重点在于资质能力的维持,对"双随机"监管、重点监管、信用监管等新型市场监管机制要求缺乏具体规定。

(3)规范检验检测行业发展。目前,我国检验检测行业在持续高速发展的同时,存在"散而不强""管理不规范"等问题,部分领域、部分机构的不实和虚假检验检测行为,严重损害了市场竞争秩序和行业公信力。上述问题的产生,一方面有从业主体法律责任意识淡薄、恶意开展竞争、管理不规范等原因,另一方面也有法律规范滞后于"放管服"改革进程的因素。现有法律法规对于"不实报告""虚假报告"的规定不够明确,需要在部门规章中明确监管执法的操作性指引。

二、主要内容

(1)关于检验检测机构及其人员的主体责任。《办法》强调检验检测机构及其人员应当对所出具的检验检测报告负责,并明确除依法承担行政法律责任外,还须依法承担民事、刑事法律责任。作为部门规章,《办法》主要对检验检测机构及其人员违反从业规范的行政法律责任进行具体规定。而依据《中华人民共和国民法典》《中华人民共和国产品质量法》《中华人民共和国食品安全法》等规定,检验检测机构及人员对其违法出具检验检测报告造成的损害应当依法承担连带的民事责任。根据《中华人民共和国刑法》第二百二十九条"提供虚假证明文件罪""出具证明文件重大失实罪"的规定,对虚假检验检测行为要追究刑事责任。2020年12月26日,十三届全国人大常委会通过的《中华人民共和国刑法修正案(十一)》,更是将环境监测虚假失实行为明确作为《中华人民共和国刑法》第二百二十九条的适用对象。

(2)关于检验检测从业规范。《办法》对检验检测机构在取得资质许可准入后的行为规范进行了系统梳理,明确了与检验检测活动的规范性、中立性等有重大关联的义务性规定,包括检验检测活动基本要求、人员要求、过程要求、送样检测规范、分包要求、报告形式要求、记录保存要求、保密要求、社会责任及行政管理要求等。而对于检验检测资质认定许可的取得、使用及能力维持要求,仍由新修订发布的《检验检测机构资质认定管理办法》进行调整。

(3)关于打击不实和虚假检验检测行为。《办法》将严厉打击不实和虚假检验检测作为最重要的立法任务。目前,《中华人民共和国产品质量法》《中华人民共和国食品安全法》等法律、行政法规对不实和虚假检验检测作出了禁止性规定。但监管实践中难以界定并区分不实、虚假与一般性违法违规行为。因此,《办法》第十三条列举了四种不实检验检测情形、第十四条列举了五种虚假检验检测情形,充分吸收采纳了监管执法中的经验做法,有利于检验检测机构明确必须严守的行业底线,也有利于各级市场监管部门突出打击重点。

(4)关于落实新型市场监管机制要求。为加快推动新型市场监管机制建设,提升系统性监管效能,《办法》对检验检测监管体制和监管职权进行了重新梳理,对多种新型监管手段进行了规定。将"双随机、一公开"监管要求与重点监管、分类监管、信用监管有机融合。重点突出信用监管手段的运用和衔接,规定市场监管部门应当依法将检验检测机构行政处罚信息等信用信息纳入国家企业信用信息公示系统等平台,推动检验检测监管信用信息归集、公示,也为下一步将检验检测违法违规行为纳入经营异常名录和严重违法失信名单进行失信惩戒提供了依据。

（5）关于违法违规法律责任。对于检验检测机构违反义务性规定的情形,《办法》区分风险、危害程度,采取了不同的行政管理方式。一是依法严厉打击不实和虚假检验检测行为。强调对《办法》列举的不实和虚假检验检测,市场监管部门要严格按照《中华人民共和国产品质量法》《中华人民共和国食品安全法》《中华人民共和国道路交通安全法》《中华人民共和国大气污染防治法》《中华人民共和国农产品质量安全法》《医疗器械监督管理条例》《化妆品监督管理条例》等实施吊销资质或证书等行政处罚。二是督促改正较严重的违法违规行为。《办法》仅对可能损害检验检测活动委托方或不特定第三方权益、较易引发争议的一般违法行为设置处理处罚规定,包括违反国家强制性规定实施检验检测尚未对结果造成影响的、违规分包、出具检验检测报告不规范等。三是提醒纠正一般性违规事项。对于违反一般性管理要求的事项,指导监管执法人员采用《办法》第二十四条规定的"说服教育、提醒纠正等非强制性手段"。

《检验监测机构监督管理办法》的具体内容参见其原文。

练习题

1. [单选]公路水运工程试验检测继续教育周期为(　　)年,试验检测人员在每个周期内接受继续教育的时间累计不应少于(　　)学时。

  A. 1;24   B. 2;24   C. 2;36   D. 3;24

【答案】B

2. [判断]当工地试验室授权负责人变更时,经本人所在单位同意后,可由其本人直接向项目建设单位提出申请,经批准后报项目质监机构备案。(　　)

【答案】×

第二章 标 准 规 范

在质量检测工作中,标准规范是指导我们进行各项质量检测工作的基础。为了提高质量检测工作的质量和效率,本章将介绍一些常用的质量检测标准和规范,以帮助读者更好地了解和掌握公路水运工程质量检测的相关要求和标准。

第一节 公路水运试验检测数据报告编制导则

交通运输部于 2019 年发布的《公路水运试验检测数据报告编制导则》(JT/T 828—2019,以下简称《导则》),明确了公路水运试验检测数据报告编制的基本规定、以及记录表、检测类报告和综合评价类报告编制的要求。

一、基本规定

(1)公路水运试验检测数据报告(以下简称"数据报告")应格式统一、形式合规,宜采用信息化方式编制。

(2)数据报告包括试验检测记录表(以下简称"记录表")和试验检测报告(以下简称"报告"),根据检测目的和报告内容的不同,可将报告分为检测类报告和综合评价类报告两类。《导则》对记录表、检测类报告、综合评价类报告的组成和内容编制要求进行了规定。

检测类报告和综合评价类报告是从获得检测结果的目的和报告内容侧重点进行区别,以便对两类报告的编制要求作出更符合实际的规定。检测类报告以获得测试结果为目的,是针对材料、构件、工程制品及实体的一个或多个技术指标进行检测而出具的数据结果和检测结论,一般常见于材料和工程制品的性能指标试验,如水的氯离子含量、土的含水率、水泥细度等。综合评价类报告以获得新建及既有工程性质评价结果为目的,针对材料、构件、工程制品及实体的一个或多个技术指标进行检测而出具数据结果、检测结论和评价意见,如为了评价某路面工程质量进行弯沉、平整度、厚度等参数检测;为了评价某隧道施工质量,进行支护脱空、衬砌厚度、钢筋间距等参数检测。

(3)记录表应信息齐全、数据真实可靠,具有可追溯性;报告应结论准确、内容完整。

记录表是将被测对象按照标准规范要求进行试验检测过程中产生的数据和信息,所形成的数字或文字的记载。检测单位应对记录表的信息进行有效的管理。

"信息齐全"是指记录试验过程中涉及或影响报告中检测结果、数据和结论的因素都必须完整、详细,使未参加检测的同专业人员能在审核报告时,从记录表上查得所需的全部信息。"数据真实可靠"是指如实地记录当时当地进行的质量检测的实际情况,包括质量检测过程中的数据、现象、仪器设备、环境条件等信息,确保质量检测所测得的原始数据计算、修约的正确性,以及环境条件、设备状态等信息的准确性。"具有可追溯性"是指通过记录的信息可追溯到质量检测过程的各环节及要素,并能还原整个检测过程。

(4)记录表由标题、基本信息、检测数据、附加声明、落款五部分组成。每一试验检测参数(或试验方法)可单独编制记录表。同一试验过程同时获得多个试验检测参数时,可将多个参数集成编制于一个记录表中。

(5)检测类报告由标题、基本信息、检测对象属性、检测数据、附加声明、落款六部分组成。

(6)综合评价类报告由封面、扉页、目录、签字页、正文、附件六部分组成,其中目录部分、附件部分可根据实际情况删减。

(7)数据报告的编制除应满足本标准规定外,还应符合其他标准、规范、规程等的相关规定。

二、记录表的内容和编制要求

1.标题部分

标题部分位于记录表上方,用于表征其基本属性。标题部分由记录表名称、唯一性标识编码、检测单位名称、记录编号和页码等组成。

标题部分的固定格式分为三行(图1-2-1)。第一行为页码,第二行为记录表名称和记录表唯一性标识编码,第三行为检测单位名称和记录编号。

	第1页,共1页
土击实试验检测记录表	JGLQ01007
检测单位名称:××××检测中心	记录编号:JL-2018-TGJ-0001

图1-2-1　标题组成图

标题部分的编制要求具体如下:

(1)记录表名称

位于标题部分第二行居中位置,可参考《公路水运工程试验检测等级管理要求》(JT/T 1181—2018)所示试验检测项目,宜采用"项目名称"+"参数名称"+"试验检测记录表"的形式命名。当遇下列情况时,处理方式为:

①当试验参数有多种测试方法可选择时,宜在记录表后将选用的测试方法以括号的形式加以标识。

②当同一项目中具有不同检测对象的细分条目时,宜按细分条目分别编制记录表。

③当同一样品在一次试验中得到两个以上参数值时,记录表名称宜列出全部参数名称,并用顿号分隔,参数个数不宜大于4。

④当参数名称能明确地体现测试内容时,项目名称可省略,以"参数名称"+"试验检测记录表"为记录表名称。

（2）唯一性标识编码

用于管理记录表格式的编码具有唯一性，与记录表名称同处一行，靠右对齐。记录表唯一性标识编码由 9 位或 10 位字母和数字组成（图 1-2-2）。当同一记录表中包含两个及以上参数时，其唯一性标识编码由各参数对应的唯一性标识编码顺序组成。

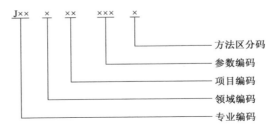

图 1-2-2 记录表唯一性标识编码结构示意图

记录表唯一性标识编码各段位的编制要求如下：

①专业编码：由 3 位大写英文字母组成，第 1 位字母为 J，代表记录表，第 2、3 位字母用于区分专业类别，GL 代表公路工程专业，SY 代表水运工程专业；

②领域编码：由 1 位大写英文字母组成，应符合 JT/T 1181—2018 的规定；

③项目编码：由 2 位数字组成，应符合 JT/T 1181—2018 的规定；

④参数编码：由 3 位数字组成，应符合 JT/T 1181—2018 的规定；

⑤方法区分码：由 1 位小写英文字母组成，应符合 JT/T 1181—2018 的规定，可省略。

（3）检测单位名称

位于标题部分第三行位置，靠左对齐，编制要求如下：

①当检测单位为检测机构时，应填写等级证书中的机构名称，可附加等级证书的编号；

②当检测单位为工地试验室时，应填写其授权文件上的工地试验室名称。

（4）记录编号

与"检测单位名称"同处一行，靠右对齐，用于具体记录表的身份识别，由检测单位自行编制。记录编号在确保唯一的前提下，宜简洁且易于分类管理。

（5）页码

位于标题部分第一行位置，靠右对齐，应以"第×页，共×页"的形式表示。

2. 基本信息部分

基本信息部分位于标题部分之后，用于表征质量检测的基本信息。

基本信息部分应包括工程名称、工程部位/用途、样品信息、试验检测日期、试验条件、检测依据、判定依据、主要仪器设备名称及编号。

基本信息部分的编制要求具体如下：

（1）工程名称

应为测试对象所属工程项目的名称。当涉及盲样时，可不填写。当检测机构进行盲样管理时，工程名称可不填写。当为工地试验室时，可填写对应的工程项目名称。

（2）工程部位/用途

为二选一填写项，当涉及盲样时可不填写，编制要求如下：

①当可以明确被检对象在工程中的具体位置时,宜填写工程部位名称及起止桩号。

②当被检对象为独立结构物时,宜填写结构物及其构件名称、编号等信息。成品、半成品、现场检测应填写所在的工程部位。工程部位应能追溯,如填写施工桩号、分项(分部)工程名称等。

③当指明数据报告结果的具体用途时,宜填写相关信息。材料的工程用途会影响检测依据、判定依据等信息的确定,因此,应填写其工程用途。

（3）样品信息

应包含来样时间、样品名称、样品编号、样品数量、样品状态、制样情况和抽样情况,其中制样情况和抽样情况可根据实际情况删减。编制要求如下:

①来样时间应填写检测收到样品的日期,以"YYYY 年 MM 月 DD 日"的形式表示。

②样品名称应按标准规范的要求填写。例如:"热轧带肋钢筋""热轧光圆钢筋",不能简单填写为"钢筋";"板式橡胶支座""盆式支座",不能简单填写为"橡胶支座"。

③样品编号应由检测单位自行编制、用于区分每个独立样品的唯一性编号。同一组内的样品也应分别编号。

④样品数量宜按照检测依据规定的计量单位,如实填写。样品数量应采取合理的计量单位,避免使用 1 瓶、1 袋等不规范的用词。

⑤样品状态应描述样品的性状,如样品的物理状态、是否有污染、腐蚀等。物理状态包括结构、形状、状态、规格、颜色等。

⑥制样情况应描述制样方法及条件、养护条件、养护时间及依据等。样品制作加工的环境条件、养护条件、养护时间等在有关标准规范中有具体要求。当标准规范对制样环节无明确规定,检测单位采用作业指导书对制样环节进行控制时,也应在记录表的样品信息栏进行描述。

⑦抽样情况应描述抽样日期、抽取地点(包括简图、草图或照片)、抽样程序、抽样依据及抽样过程中可能影响检测结果解释的环境条件等。主要信息包括所用的抽样方法、抽样日期和时间、识别和描述样品的数据(如编号、数量和名称)、抽样人、所用设备、环境或运输条件、标识抽样位置的图示或其他等效方式(适当时)、与抽样方法和抽样计划的偏离或增减。

（4）试验检测日期

当日完成的质量检测工作可填写当日日期;一日以上的质量检测工作应表征试验的起止日期。日期以"YYYY 年 MM 月 DD 日"的形式表示。

某些试验检测是从样品制备开始的,应将制备样品时的时间记作试验检测开始时间,将采集数据结束并记录(现场清扫结束)时间记作试验检测结束时间。

（5）试验条件

应填写试验时的温度、湿度、照度、气压等环境条件。尤其当有关标准、规范等对环境条件或试验检测条件有明确要求时,应当进行有效监测、控制和记录;当环境条件参与试验检测结果的分析计算时,还应在试验检测数据部分如实准确地记录。

（6）检测依据

应为当次试验所依据的标准、规范、规程、作业指导书等技术文件,应填写完整的技术文件名称和代号。若技术文件为公开发布的,可只填写其代号。必要时,还应填写技术文件的方法编号、章节号或条款号等。

（7）判定依据

应为出具检测结论所依据的标准、规范、规程、设计文件、产品说明书等。

（8）主要仪器设备名称及编号

用于填写试验检测过程中主要使用的仪器设备名称及其唯一性标识。应填写参与结果分析计算的量值输出仪器、对结果有重要影响的配套设备名称及编号。

3. 检测数据部分

检测数据部分位于基本信息部分之后，用于填写采集的试验数据。检测数据部分应包括原始观测数据、数据处理过程与方法，以及试验结果等内容。

检测数据部分的编制要求具体如下：

（1）原始观测数据

应包含获取试验结果所需的充分信息，以便该试验在尽可能接近原条件的情况下能够复现，具体要求如下：

①手工填写的原始观测数据应在现场如实、完整记录，如需修改，应杠改并在修改处签字；

②由仪器设备自动采集的检测数据、试验照片等电子数据，可打印签字后粘贴于记录表中或保存电子档。

（2）数据处理过程与方法

应填写原始观测数据推导出试验结果的过程记录，宜包括计算公式、推导过程、数字修约等，必要时还应填写相应依据。

（3）试验结果

应按照检测依据的要求给出该项试验的测试结果。

4. 附加声明部分

附加声明部分位于检测数据部分之后，用于说明需要提醒和声明的事项。附加声明部分应包括：对质量检测的依据、方法、条件等偏离情况的声明；其他见证方签认；其他需要补充说明的事项。附加声明部分应根据记录内容编制，如有其他见证方签认，应有签名。

5. 落款部分

落款部分位于附加声明部分之后，用于表征记录表的签认信息。落款部分应由检测、记录、复核、日期组成。检测、记录及复核应签署实际承担相应工作的人员姓名，日期为记录表的复核日期，以"YYYY 年 MM 月 DD 日"的形式表示。对于采用信息化手段编制的记录表，可使用数字签名。

三、检测类报告的编制要求

检测类报告由标题、基本信息、检测对象属性、检测数据、附加声明、落款六部分组成。

1. 标题部分

标题部分位于检测类报告上方，用于表征其基本属性。标题部分应由报告名称、唯一性标识编码、检测单位名称、专用章、报告编号、页码组成。

标题部分的编制要求具体如下：

（1）报告名称

位于标题部分第二行居中位置，采用以下表述方式：

①由单一记录表导出的报告，其报告名称宜采用"项目名称"＋"参数名称"＋"试验检测报告"的形式命名；

②由多个记录表导出的报告，依据试验参数具体组成，在不引起歧义的情况下宜优先以项目名称命名报告名称，即"项目名称"＋"试验检测报告"。当同一项目内有多种类型检测报告时，可按照行业习惯分别编制，并在报告名称后添加"（一）、（二）……"加以区分。

（2）专用章

包括检测专用印章、等级专用标识章、资质认定标志等，具体要求如下：

①检测专用印章应端正地盖压在检测单位名称上；

②等级专用标识章应按照 JT/T 1181—2018 的规定使用；

③资质认定标识等应按照相关规定使用。

（3）唯一性标识编码

与报告名称同处一行，靠右对齐。由 10 位字母和数字组成。

检测类报告唯一性标识编码各段位的编制要求如下：

①专业编码：由 3 位大写英文字母组成，第 1 位字母为 B，代表报告，第 2、3 位字母用于区分专业类别：GL 代表公路工程专业，SY 代表水运工程专业；

②领域编码：由 1 位大写英文字母组成，应符合 JT/T 1181—2018 的规定；

③项目编码：由 2 位数字组成，应符合 JT/T 1181—2018 的规定；

④格式区分码：由 3 位数字组成，采用 001～999 的形式，用于区分项目内各报告格式，由检测单位自行制定；

⑤类型识别码：用"F"表示检测类报告。

（4）检测单位名称

位于标题部分第三行位置，靠左对齐。

（5）报告编号

与"检测单位名称"同处一行，靠右对齐。

（6）页码

页码位于标题部分第一行，靠右对齐，以"第×页，共×页"的形式表示。

2. 基本信息部分

基本信息部分位于标题部分之后，用于表征质量检测的基本信息。基本信息部分应包含施工/委托单位、工程名称、工程部位/用途、样品信息、检测依据、判定依据、主要仪器设备名称及编号信息。

基本信息部分的编制要求具体如下：

（1）施工/委托单位

施工/委托单位为二选一填写项，宜填写委托单位全称。工地试验室出具的报告可填写施工单位名称。

（2）工程名称

同记录表的要求。

（3）工程部位/用途

同记录表的要求。

（4）样品信息

应包含样品名称、样品编号、样品数量、样品状态。同记录表的要求。

（5）检测依据

同记录表的要求。

（6）判定依据

同记录表的要求。

（7）主要仪器设备名称及编号

同记录表的要求。

3. 检测对象属性部分

检测对象属性部分位于基本信息部分之后，用于被检对象、测试过程中有关技术信息的详细描述。检测对象属性应包括基础资料、测试说明、制样情况、抽样情况等。

对检测结果的有效性和可追溯性有重要影响的被检对象或测试过程中所特有的信息，宜在检测对象属性部分表述，其内容视报告的需求而定，可以为时间信息、抽样信息、材料或产品生产信息、材料配合比信息等，如检测日期、委托编号、检测类别、试验龄期、抽样方式、材料的产地、生产批号、各种材料用量等。

检测对象属性应能如实反映检测对象的基本情况，视报告具体内容需要确定，并具有可追溯性，具体编制要求如下：

（1）基础资料宜描述工程实体的基本技术参数，如设计参数、地质情况、成型工艺等。

（2）测试说明宜包括测试点位、测试路线、图片资料等。若对试验结果有影响时，还应说明试验后样品状态。

（3）制样情况的编制要求同记录表。

（4）抽样情况的编制要求同记录表。

4. 检测数据部分

检测数据部分位于检测对象属性部分之后，用于填写检测类报告的试验数据。检测数据部分的相关内容来源于记录表，应包含检测项目、技术要求/指标、检测结果、检测结论等内容及反映检测结果与结论的必要图表信息。检测结论应包含根据判定依据作出的符合或不符合的相关描述。当需要对检测对象质量进行判断时，还应包含结果判定信息。

示例：该硅酸盐水泥样品的强度等级（P·O 42.5）符合《通用硅酸盐水泥》（GB 175—2007）中的技术要求。

5. 附加声明部分

附加声明部分位于检测数据部分之后，用于说明需要提醒和声明的事项。

附加声明部分可用于：

（1）对质量检测的依据、方法、条件等偏离情况的声明。

（2）对报告使用方式和责任的声明。检测机构不负责抽查（当样品是客户提供时），应附加声明：结果仅适用于客户提供的样品。检测机构应做出未经本机构批准，不得复制（全文复制除外）报告或证书的声明。

（3）报告出具方联系信息。

（4）其他需要补充说明的事项。附加声明部分应根据报告内容编制。这些内容要求在《检验检测机构资质认定能力评价　检验检测机构通用要求》（RB/T 214—2017）中 4.5.21 有具体规定，具体如下：

当需对检验检测结果进行说明时，检验检测报告或证书中还应包括下列内容：

（1）对检验检测方法的偏离、增加或删减，以及特定检验检测条件的信息，如环境条件。

（2）适用时，给出符合（或不符合）要求或规范的声明。

（3）当测量不确定度与检验检测结果的有效性或应用有关，或客户有要求，或当测量不确定度影响到对规范限度的符合性时，检验检测报告或证书中还需要包括测量不确定度的信息。

（4）适用且需要时，提出意见和解释。

（5）特定检验检测方法或客户所要求的附加信息。报告或证书涉及使用客户提供的数据时，应有明确的标识。当客户提供的信息可能影响结果的有效性时，报告或证书中应有免责声明。

以上信息均可以在附加声明中进行编制。

（6）落款部分。

落款部分位于附加声明部分之后，用于表征签署信息。落款部分应由检测、审核、批准、日期组成。检测、审核、批准应签署实际承担相应工作的人员姓名。日期为报告的批准日期。编制要求同记录表。

检测机构出具报告，批准（签发）人应具备试验检测工程师资格，同时为检测机构的授权签字人。按照有关规定，报告应由试验检测工程师审核、批准。报告审核人应当是签字领域的持证试验检测工程师；报告批准人应当是持证试验检测工程师，且在授权的能力范围内签发检测报告。

四、综合评价类报告的编制要求

综合评价类报告由封面、扉页、目录、签字页、正文、附件六部分组成，其中目录、附件可根据实际情况删减。

1. 封面部分

综合评价类报告封面部分的内容宜包括唯一性标识编码、报告编号、报告名称、委托单位、工程（产品）名称、检测项目、检测类别、报告日期及检测单位名称。

封面部分的编制要求具体如下：

（1）唯一性标识编码

位于封面部分上部右上角，靠右对齐。编码规则的编制要求同检测类报告，其类型识别码为"H"。

（2）报告编号

位于封面部分上部右上角第二行,靠右对齐。编制要求应同检测类报告。

（3）报告名称

位于封面部分"报告编号"之后的居中位置,统一为"检测报告"。

依据有关规定,检测与检验概念为:检测是依据相关标准和规范,使用仪器设备,在规定的环境条件下,按照相应程序对测试对象的属性进行测定或者验证的活动,其输出为测试数据。检验是基于测试数据或者其他信息来源,依靠人的经验和知识,对测试对象是否符合相关规定进行判定的活动,其输出为判定结论。

（4）委托单位

应填写委托单位全称。

（5）工程（产品）名称

应填写检测对象所属工程项目名称或所检测的工程产品名称。

（6）检测项目

应填写报告的具体检测项目内容,应以 JT/T 1181—2018 所示项目、参数为依据,宜采用"项目名称"＋"参数名称"的形式命名,其编制要求同检测类报告。

（7）检测类别

按照不同检测工作方式和目的,可分为委托送样检测、见证取样检测、委托抽样检测、质量监督检测、仲裁检测及其他。

①委托送样检测是委托方将样品送至检测机构,检测机构未参与样品的抽取工作,检测机构出具的报告仅对委托方提供的样品负责。

②见证取样检测是在建设单位和（或）监理单位的人员见证下,由委托方现场取样送至检测机构,检测机构出具的报告仅对委托方提供的样品负责。

③委托抽样检测是检测机构参与抽样过程,按照抽样方案对样品进行抽样,检测机构出具的报告对整批样品负责。

④质量监督检测是政府行为,分为委托送样检测和委托抽样检测两种形式,检测机构应在委托合同中予以明确。

⑤仲裁检测是针对争议产品所做的检测,仲裁检测的目的是做出争议产品的质量判定,解决产品质量纠纷。有资格出具仲裁检测报告的检测机构须是经过省级以上质量技术监督部门或其授权的部门考核合格的机构,并且其仲裁检测的产品范围限制在授权其检测范围内。

（8）报告日期

报告的批准日期,其表示方法同检测类报告。

（9）检测单位名称

编制要求同检测类报告。

（10）专用章

编制要求同检测类报告。

2. 扉页部分

扉页部分宜包含报告有效性规定、效力范围申明、使用要求、异议处理方式,以及检测机构联系信息等。

3.目录部分

目录按照"标题名称"＋"页码"的方式编写,列示出一级章节名称即可。页码宜从正文首页开始设置,宜用阿拉伯数字顺序编排。综合评价类报告涉及检测项目及检测参数较多,设置目录可清晰反映章节情况。

4.签字页部分

签字页部分应包含工程名称、项目负责人、项目参加人员、报告编写人、报告审核人和报告批准人。宜打印姓名并手签。对于采用信息化手段编制的报告,可使用数字签名。

综合类检测项目涉及检测人员往往较多,各检测人员根据在检测项目的职责不同,大致划分为项目负责人、项目主要参加人员、报告编写人员、报告审核人员、报告批准人员。项目主要参加人员可包括报告编写人员、报告审核人员、报告批准人员。

5.正文部分

正文部分应包含项目概况、检测依据、人员和仪器设备、检测内容与方法、检测数据分析、结论与分析评估、有关建议等内容。

正文部分的编制要求具体如下。

(1)项目概况

明确项目的工程信息,应包含但不限于如下信息:委托单位信息、项目名称、所在位置、项目建设信息、原设计情况及主要设计图示、主要技术标准、养护维修及加固情况,与检测项目及检测参数相关的设计值、规定值、项目实施情况等。明确检测目的,应包括检测参数的基本情况。

(2)检测依据

应按检测参数列出对应的检测标准、规范及设计报告等文件名称。

(3)人员和仪器设备

应列明参加检测的主要人员姓名、参与完成的工作内容等信息,明确检测用的主要仪器设备名称及编号。

(4)检测内容与方法

明确检测内容,应包括检测参数、对应的具体检测方法、测点布设、抽样情况等。对于技术复杂的检测内容,宜包括对检测技术方案的描述。

(5)检测数据分析

说明检测结果的统计和整理、检测数据分析的基本理论或方法,并阐述利用实测数据进行推演计算的过程。还宜包括推演计算结果与设计值、理论值、标准规范规定值、历史检测结果的对比分析。必要时,可采用图表表达数据变化的趋势和规律。

(6)结论与分析评估

宜包括各检测结果与设计值、理论值、标准规范规定值、历史检测结果的对比分析结论及必要的原因分析评估。如需要,应给出各检测结果是否满足设计文件或评判标准要求的结论。

结论与分析评估是综合评价类报告的重中之重。报告正文之前篇幅均为结论与分析评估

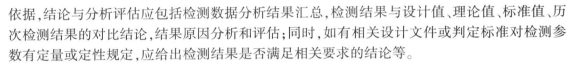

依据,结论与分析评估应包括检测数据分析结果汇总,检测结果与设计值、理论值、标准值、历次检测结果的对比结论,结果原因分析和评估;同时,如有相关设计文件或判定标准对检测参数有定量或定性规定,应给出检测结果是否满足相关要求的结论等。

（7）有关建议

可根据检测结论和分析评估,提出项目在下一工序、服役阶段应采取的处置措施或注意事项等建议。

6. 附件部分

当有必要使用检测过程中采集的试验数据、照片等资料及质量检测记录表,对检测结论进行支撑和证明时,可将该类资料编入附件部分。

第二节　公路水运工程试验检测等级管理要求

《公路水运工程试验检测等级管理要求》(JT/T 1181—2018,以下简称《管理要求》)依据《公路水运工程试验检测管理办法》(交通运输部令 2016 年第 80 号)、《交通运输部关于公布〈公路水运工程试验检测机构等级标准〉及〈公路水运工程试验检测机构等级评定及换证复核工作程序〉的通知》(交安监发〔2017〕113 号)等编制。

《管理要求》由范围、规范性引用文件、术语与定义、基本规定、试验检测分类及代码、等级标准应用说明、等级评定及换证复核工作程序应用说明、检测机构运行通用要求共 8 章正文和7 个附录组成。

（1）"范围"对本标准的内容和适用范围进行了规定。

（2）"规范性引用文件"阐明了本标准制定依据和参考的主要文件。

（3）"术语和定义"对涉及的 10 个概念进行了释义。

（4）"基本规定"对公路水运工程持证检测人员的职业资格专业、公路水运工程检测机构的分类、相关单位的工作职责进行了规定。

（5）"试验检测分类及代码"规定了试验检验能力的 4 个层次。

（6）"等级标准应用说明"规定了试验检测能力及仪器设备、持证检测人员、检测环境的具体要求。

（7）"等级评定及换证复核工作程序应用说明"规定了等级评定及换证复核的受理和初审、现场评审、评定、公示与公布、评审纪律的具体要求和流程。

（8）"检测机构运行通用要求"规定了检测机构运行的基本要求、信息化建设与管理的具体要求。

7 个附录分别是公路水运工程试验检测机构等级证书样式、公路水运工程试验检测机构标识章样式、公路水运工程试验检测参数代码及试验方法要求公路水运工程试验检测项目(参数)变更公告格式、公路水运工程试验检测项目(参数)统计表、公路水运工程试验检测机构等级评定及换证复核工作用表、试验检测机构基础信息数据元定义及其数据交换格式示例。

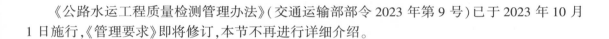

《公路水运工程质量检测管理办法》(交通运输部部令2023年第9号)已于2023年10月1日施行,《管理要求》即将修订,本节不再进行详细介绍。

第三节　公路工程试验检测仪器设备服务手册

为有效服务质量检测机构和公路工程项目建设从业单位开展仪器设备的溯源管理,指导各地交通运输主管部门加强仪器设备的监督检查,提升工程质量检测准确性,降低质量风险,交通运输部于2019年发布了《公路工程试验检测仪器设备服务手册》(交办安监函〔2019〕66号,以下简称《服务手册》)。本节将介绍《服务手册》的部分内容。

一、编号

"编号"是《服务手册》所列仪器设备的唯一标识,统一采用字母加数字的10位字符编码,其对应关系如图1-2-3所示。

图1-2-3　公路工程仪器设备编号组成图

10位编码中,除表示公路行业的"GL"为英文字母外,其余均为数字,字母后两位表示仪器设备使用时所归属的专业,共分为三个专业:道路工程专业(01)、桥隧工程专业(02)和交通工程专业(03)。"项目"是指仪器设备所属"专业"中"试验检测项目"的顺序号,其中道路工程专业项目为01~13、20,桥隧工程专业为01~14,交通工程专业为01~07。最后四位编码按照《等级条件》中公路甲级及专项的仪器设备配置顺序依次编排,方便使用。当《服务手册》中出现相同仪器设备时,采用首次出现时定义的编号,未重复仪器设备编号顺延。

二、溯源类别

"溯源类别"中,道路工程专业、桥隧工程专业、交通工程专业内容与《等级条件》中的"质量检测项目"对应。《服务手册》中,编号GL0101~GL0113、GL0120对应《等级条件》中甲级"质量检测能力基本要求及主要仪器设备"的第1~13及20项;编号GL0201~GL0214对应《等级条件》中桥梁隧道工程专项"质量检测能力基本要求及主要仪器设备"的第1~14项;编号GL0301~GL0307对应《等级条件》中交通工程专项"质量检测能力基本要求及主要仪器设备"的第1~7项。

三、设备名称

指具体的仪器设备在交通运输行业内所使用的名称。原则上与《等级条件》中"仪器设备配置"中的名称一致。

四、溯源方式

公路专用质量检测设备近 600 余种,根据溯源方式将其分为通用类、专用类和工具类三类,按照行业习惯,分类一般用 I 类、Ⅱ 类和Ⅲ类表示。按照量值溯源适用的技术文件情况,采取以下方式进行溯源:

(1)具有公开发布的国家或交通运输部部门计量检定规程及校准规范的仪器设备,在"依据标准"中标明具体文件。建议质量检测机构将此类仪器设备送至交通运输行业国家或地方专业计量技术机构溯源,根据"依据标准"和"检验参数"所示内容进行检定/校准。共计 97 种,其管理类别用"Ⅱ-1"表示。

(2)无公开发布的国家或交通运输部部门计量检定规程及校准规范的仪器设备,在"依据标准"中为空白栏。这类仪器设备的检定/校准目前尚没有可直接依据的公开发布的技术文件,在行业检测中对结果影响重大,需要编制国家或交通运输部部门计量检定规程及校准规范。检测机构可将设备送至有技术能力的计量机构,按检测标准/规范要求,对影响检测的主要参数进行检定/校准。共计 128 种,其管理类别用"Ⅱ-2"表示,待国家或行业公开发布有直接依据的技术文件后,按照"Ⅱ-1"类别进行管理。

(3)对于 I 类 264 种通用类设备和Ⅲ类 85 种工具类设备,暂未列入《服务手册》,建议质量检测机构依据国家公开发布的技术规范开展检验,由社会公用计量技术机构负责溯源,或由使用单位自行开展检验工作,均应确保设备功能正常。

五、检验参数

指除外观质量等目测、手感项目之外的,影响仪器设备量值准确性的技术参数。当"依据标准"为计量检定规程时,列出检定规程中首次检定和后续检定的全部项目;当"依据标准"为校准规范时,列出全部校准项目;当"依据标准"为多个技术文件时,按照行业需求列出检定/校准项目;当无"依据标准"时,则根据公路工程质量检测专业特点并结合其他公开发布的技术文件,列出推荐校准项目。

对仪器设备进行检定时,若设备为首次检定,检定参数为全部项目;若设备为后续检定,检定参数为非下划线项目。对仪器设备进行校准,可根据仪器设备实际使用的需要,校准全部或部分必要的检验参数。

六、附加说明

主要包括的说明类型如下:
(1)对仪器设备的附加说明;
(2)对尚无"依据标准"的设备,给出参考性的技术文件,包括国家及其他部委部门计量检定规程、产品标准和检测规范等。

第四节 水运工程试验检测仪器设备检定/ 校准指导手册

交通运输部在 2018 年发布了《水运工程试验检测仪器设备检定/校准指导手册》(交办安监〔2018〕33 号,以下简称《指导手册》),适用于工程质量监督机构对质量检测行业的计量管理,指导水运工程质量检测机构(含工地试验室)和水运工程水文勘察测绘机构开展仪器设备的检定/校准工作。本节将介绍《指导手册》的部分内容。

一、编号

"编号"是对本《指导手册》所列仪器设备的唯一标识,统一采用字母加数字的 10 位字符编码,其对应关系如图 1-2-4 所示。

图 1-2-4 水运工程仪器设备编号组成图

10 位编码中,除表示水运行业的"SY"为英文字母外,其余均为数字,字母后两位表示仪器设备使用时所归属的专业,共分为三个专业:材料检测专业(01)、结构(地基)检测专业(02)和水文地质测绘专业(03)。"项目"编码是指仪器设备所属"专业"中"试验检测项目"的顺序号,其中材料检测专业项目为 01 ~ 19,结构(地基)检测专业项目为 01 ~ 06,水文地质测绘专业项目为 01 ~ 04。最后四位编码按照《等级条件》中"仪器设备配置"的顺序以及其他参照文件仪器设备名称依次编排,方便使用。当《指导手册》中出现相同设备时,采用首次出现时定义的编号,未重复设备序号顺延。

二、项目类别

"项目类别"中材料检测专业和结构(地基)检测专业内容与《等级条件》中的"质量检测项目"对应。《指导手册》中,编号 SY0101 ~ SY0119 对应《等级条件》"表 2-1 质量检测能力基本要求及主要仪器设备"中的 1 ~ 19 项;编号 SY0201 ~ SY0206 对应《等级条件》"表 2-4 质量检测能力基本要求及主要仪器设备"中的 1 ~ 6 项。"项目类别"中,水文地质测绘专业内容与《测绘资质分级标准》中海洋工程测量仪器设备对应。《指导手册》中,编号 SY0301 ~ SY0304 对应水文地质测绘专业仪器设备 4 个分类。

三、设备名称

指具体的仪器设备在交通运输行业内所使用的名称。原则上与《等级条件》中"仪器设备配置"中的名称一致。

四、管理类别

指仪器设备量值溯源的具体方式。分为如下三类：

Ⅰ类：共计126种。有公开发布的国家计量检定规程及校准规范，一般应送至质量技术监督部门依法设置的计量检定单位（如国家、省、市、县计量院、所）或具备相应仪器设备计量能力的专业计量站、校准实验室进行检定/校准，并取得检定证书或校准证书。

Ⅱ类：共计118种。指水运行业计量管理的专业检测仪器设备，分下列两种情况进行管理：

Ⅱ-1：共计42种，有公开发布的国家或交通运输部部门计量检定规程及校准规范的仪器设备，在"依据标准"中标明具体文件。建议质量检测机构将此类仪器设备送至国家水运工程检测设备计量站（或参加其集中检定/校准活动），或地方交通运输专业检定机构进行检定/校准，如以上计量机构不具备某项仪器计量标准授权，则可将该仪器送至有技术能力的计量机构，根据"依据标准"和"计量参数"所示内容进行检定/校准。

Ⅱ-2：共计76种，无公开发布的国家或交通运输部部门计量检定规程及校准规范的仪器设备，在"依据标准"中为空白栏。这类仪器设备的检定/校准目前尚没有可直接依据的公开发布的技术文件，在行业检测中对结果影响重大，需要编制国家或交通运输部部门计量检定规程及校准规范。检测机构可将设备送至有技术能力的计量机构，按检测标准/规范要求，对影响检测的主要参数进行检定/校准；待国家或行业公开发布有直接依据的技术文件后，按照Ⅱ-1进行管理。

Ⅲ类：共计74种。此类仪器设备应开展内部校准或自行维护。

检测机构根据计量参数，定期实施内部校准，保证检测结果准确；根据仪器设备产品标准、质量检测方法等技术文件，定期对仪器设备进行功能核查，保证其功能运转正常，并留存相应技术和管理记录。

五、依据标准

指对仪器设备进行检定/校准时，应依据的技术文件。包括以下公开发布的技术文件：
（1）国家计量检定规程及校准规范；
（2）交通运输部部门计量检定规程及校准规范。

六、计量参数

指除外观质量等目测、手感项目之外的，影响仪器设备量值准确性的技术参数。当"依据标准"为计量检定规程时，列出检定规程中首次检定和后续检定的全部项目；当"依据标准"为校准规范时，列出全部校准项目；当无"依据标准"时，则根据水运工程质量检测专业特点并结合其他公开发布的技术文件，列出推荐校准项目。

对仪器设备进行检定时，若设备为首次检定，检定参数为全部项目；若设备为后续检定，检定参数为非下划线项目。对仪器设备进行校准，可根据仪器设备使用场合的实际需要，校准全部或部分必要的计量参数。

七、建议检定/校准周期

Ⅰ类和Ⅱ-1类仪器设备中,"依据标准"为计量检定规程的仪器设备,采用计量检定规程中要求的检定周期;"依据标准"为校准规范的仪器设备,校准规范中有建议校准周期的,采用建议的校准周期;无建议校准周期的,根据仪器设备量值溯源的需要给出建议校准周期。

Ⅱ-2类仪器设备,根据仪器设备量值溯源的需要,给出建议的溯源周期。

八、备注

指附加说明,主要包括的说明类型如下:

(1)对仪器设备的附加说明;

(2)对尚无"依据标准"的设备,给出参考性的技术文件,包括国家及其他部委部门计量检定规程、产品标准和检测规范等;

(3)对Ⅲ类设备给出了维护保养方法或内部校准的建议。

第五节　检验检测机构资质认定能力评价
检验检测机构通用要求

为了保障资质认定科学、规范的实施,并为检验检测机构资质行政许可提供依据,国家认证认可监督管理委员会在2017年10月发布了《检验检测机构资质认定能力评价　检验检测机构通用要求》(RB/T 214—2017,以下简称《通用要求》),作为资质认定管理办法的配套实施性行业标准。《通用要求》是各行业质量检测机构管理的通用要求,交通运输行业的检测机构应结合行业特点建立符合《通用要求》和行业管理要求的管理体系,并实施管理。

《通用要求》由前言、引言、范围、规范性引用文件、术语和定义、要求、参考文献组成。

一、前言

对《通用要求》的起草依据、提出及归口机构、起草单位及起草人等进行了规定。

二、引言

对《通用要求》制定的由来、定位和作用进行了规定。凡是在中华人民共和国境内向社会出具具有证明作用数据、结果的检验检测机构应取得资质认定。检验检测机构资质认定是一项确保检验检测数据、结果的真实、客观、准确的行政许可制度。凡是在中华人民共和国境内向社会出具具有证明作用数据、结果的检验检测机构应自觉贯彻实施。

三、范围

对《通用要求》的内容范围和适用范围进行了规定。覆盖范围包括在对中华人民共和国境内向社会出具具有证明作用数据、结果的检验检测机构进行资质认定能力评价时,对其机构、人员、场所环境、设备设施、管理体系等方面评审的通用要求,也适用于检验检测机构的内部审核和管理评审等方式的自我评价。

四、规范性引用文件

阐明了《通用要求》制定依据和参考的主要文件。

五、术语和定义

(1)检验检测机构:是对从事检验、检测和检验检测活动机构的总称。检验检测机构取得资质认定后,可根据自身业务特点,对外出具检验、检测或者检验检测报告、证书。

(2)资质认定:国家对检验检测机构进入检验检测行业的一项行政许可制度,依据《中华人民共和国计量法》《中华人民共和国农产品质量安全法》《中华人民共和国食品安全法》《中华人民共和国认证认可条例》和《医疗器械监督管理条例》等法律法规设立和实施。国家认监委和省级质量技术监督部门(市场监督管理部门)在上述有关法律法规的要求下,按照标准或者技术规范的规定,对检验检测机构的基本条件和技术能力是否符合法定要求实施的评价许可。

(3)资质认定评审:国家认监委和省级质量技术监督部门(市场监督管理部门)依据《中华人民共和国行政许可法》的有关规定,自行或者委托专业技术评价机构,组织评审人员,依据《通用要求》和相关专业补充要求,对检验检测机构的基本条件和技术能力实施的评审活动。

(4)公正性:检验检测活动不存在利益冲突。

客观性的存在。客观性意味着不存在或已解决利益冲突,不会对检验检测机构的活动产生不利影响。其他可用于表示公正性要素的术语有:无利益冲突、没有成见、没有偏见、中立、公平、思想开明、不偏不倚、不受他人影响、平衡。

(5)投诉:任何人员或组织向检验检测机构就其活动或结果表达不满意,并期望得到回复的行为。

投诉分为有效投诉和无效投诉。有效投诉为检验检测机构的责任,应该采取纠正措施。检验检测机构应该识别风险,防止此类问题发生。无效投诉一般是客户的原因,也应按规定的程序及时处理。

(6)能力验证:一般由权威机构组织(如国家认监委),依据预先制定的准则,采用检验检测机构间比对的方式,评价参加者的能力。

能力验证是外部质量控制,是内部质量控制的补充,不是替代。它是与现场评审同样重要的、评价机构能力的一种方法。虽然没有强制规定,但检验检测机构应积极参加国家认监委和省级质量技术监督部门(市场监督管理部门)组织的能力验证。

(7)判定规则:当检验检测机构需要做出与规范或标准符合性的声明时,描述如何考虑测量不确定度的规则。

这是《检测和校准实验室能力的通用要求》(ISO/IEC 17025:2017)的新要求。但是对检验检测机构资质认定不是强制性要求。若检验检测机构申请资质认定的检验检测项目中无测量不确定度的要求时,检验检测机构可不制定该程序。

（8）验证：提供客观的证据，证明给定项目是否满足规定要求。

检验检测机构在进行检验检测之前，应验证其能够正确地运用相应标准方法。如果标准方法发生了变化，应重新进行验证。

《检测和校准实验室能力的通用要求》（ISO/IEC 17025：2017）中规定，检验检测机构在引入方法前，应验证能够正确地运用该方法，以确保实现所需的方法性能。应保存验证记录。如果发布机构修订了方法，应根据修订的内容重新进行验证。

（9）确认：对规定要求是否满足预期用途的验证。

确认是针对非标准方法的验证。检验检测机构应首先确认该方法能不能使用，然后验证能够正确地运用这些非标准方法。当修改已确认过的非标准方法时，应确定这些修改的影响。当发现影响原有的确认时，应重新进行方法确认。

当按照预期用途去评估非标准方法的性能特性时，应确保与客户需求相关，并符合规定要求。

六、要求

依据《检验检测机构资质认定管理办法》第九条规定的申请资质认定的检验检测机构应当符合的基本条件，包括 4.1 机构、4.2 人员、4.3 场所环境、4.4 设备设施、4.5 管理体系 5 个方面（见表 1-2-1）。其中，关于样品管理、设备设施的具体内容详见本部分第三章第三节、第四节。

《通用要求》中要求的内容构成表　　　　　　　　　　　表 1-2-1

4　要求	
4.1　机构（4.1.1～4.1.5）	
4.2　人员（4.2.1～4.2.7）	
4.3　场所环境（4.3.1～4.3.4）	
4.4　设备设施（4.4.1～4.4.6）	
设备设施的配备（4.4.1）	
设备设施的维护（4.4.2）	
设备管理（4.4.3）	
设备控制（4.4.4）	
故障处理（4.4.5）	
标准物质（4.4.6）	
4.5　管理体系（4.5.1～4.5.27）	
总则（4.5.1）	测量不确定度（4.5.15）
方针目标（4.5.2）	数据信息管理（4.5.16）
文件控制（4.5.3）	抽样（4.5.17）
合同评审（4.5.4）	样品处置（4.5.18）
分包（4.5.5）	结果有效性（4.5.19）
采购（4.5.6）	结果报告（4.5.20）
服务客户（4.5.7）	结果说明（4.5.21）

续上表

投诉(4.5.8)	抽样结果(4.5.22)
不符合工作控制(4.5.9)	意见和解释(4.5.23)
纠正措施、应对风险和机遇的措施和改进(4.5.10)	分包结果(4.5.24)
记录控制(4.5.11)	结果传送和格式(4.5.25)
内部审核(4.5.12)	修改(4.5.26)
管理评审(4.5.13)	记录和保存(4.5.27)
方法的选择、验证和确认(4.5.14)	

七、参考文献

列出了制定《通用要求》参考和依据的法规性文件及有关标准共 8 条 5 项。特别吸纳了《检验检测机构诚信基本要求》(GB/T 31880—2015)中关于"检验检测机构依法依规诚信检验检测的从业行为要求"。

《通用要求》的全部条款和内容参见其原文。

练习题

1. [单选]检验检测机构(　　)是一项确保检验检测数据、结果的真实、客观、准确的行政许可制度,凡是在中华人民共和国境内向社会出具具有(　　)作用数据、结果的检验检测机构应取得该资质。

A. 资质认定,公证　　　　　　　　B. 资质认定,证明

C. 实验室认可和检验机构认可,证明　　D. 实验室认可和检验机构认可,公证

【答案】B

2. [多选]试验检测记录表是试验检测报告制作的基础,更是检测活动复现的依据,记录表应由(　　)等组成。

A. 标题　　　　　B. 基本信息　　　　　C. 检测数据　　　　　D. 附加声明

E. 落款

【答案】ABCDE

第三章　其他基础知识

第一节　计　量　知　识

国家法定计量单位(简称法定单位)是政府以命令的形式明确规定要在全国采用的计量单位制度。凡属法定单位,在一个国家的任何地区、部门、机构和个人,都必须严格遵守,正确使用。我国的法定单位是于1984年2月27日发布的,其具体应用形式就是系列国家标准 GB 3100、GB 3101、GB 3102,这是我国各行各业都必须执行的强制性、基础性标准。

一、法定计量单位

1984年2月27日,国务院发布《关于在我国统一实行法定计量单位的命令》,要求"我国的计量单位一律采用《中华人民共和国法定计量单位》""我国目前在人民生活中采用的市制计量单位,可以延续使用到1990年,1990年底以前要完成向国家法定计量单位的过渡"。同时强调"计量单位的改革是一项涉及到各行各业和广大人民群众的事,各地区、各部门务必充分重视,制定积极稳妥的实施计划,保证顺利完成"。关于法定计量单位,《通用计量术语及定义》(JJF 1001—2011)中解释为"国家法律、法规规定使用的测量单位",也就是国家法律承认、具有法定地位的允许在全国范围内统一使用的计量单位。每个国家有自己的法定计量单位,其任何地区、部门、单位和个人都必须毫无例外地遵照执行。一个国家颁布统一采用的计量单位时,无论是否冠以"法定"的名称,其实质上已经成为法定计量单位。

二、我国法定计量单位

《中华人民共和国计量法》第三条规定:"国际单位制计量单位和国家选定的其他计量单位,为国家法定计量单位。"我国法定计量单位是以国际单位制为基础,包括国际单位制的所有单位和国家选定的国际计量局规定可与国际单位制单位并用的16个非国际单位制单位。

1. 国际单位制(SI)

国际单位制是国际计量大会(CGPM)采纳和推荐的一种一贯单位制。在国际单位制中,将单位分成三类:基本单位、辅助单位和导出单位,具体内容见表1-3-1～表1-3-3。

国际单位制的基本单位   表 1-3-1

量的名称	单位名称	单位符号
长度	米	m
质量	千克	kg
时间	秒	s
电流	安[培]	A
热力学温度	开[尔文]	K
物质的量	摩[尔]	mol
发光强度	坎[德拉]	cd

国际单位制的辅助单位   表 1-3-2

量的名称	单位名称	单位符号
平面角	弧度	rad
立体角	球面度	sr

国际单位制具有专门名称的导出单位   表 1-3-3

量的名称	单位名称	单位符号
频率	赫[兹]	Hz
力、重力	牛[顿]	N
压力、压强、重力	帕[斯卡]	Pa
能[量]、功、热量	焦[耳]	J
功率,辐[射能]通量	瓦[特]	W
电荷[量]	库[仑]	C
电压、电动势、电位、(电势)	伏[特]	V
电容	法[拉]	F
电阻	欧[姆]	Ω
电导	西[门子]	S
磁通[量]	韦[伯]	Wb
磁通[量]密度、磁感应强度	特[斯拉]	T
电感	亨[利]	H
摄氏温度	摄氏度	℃
光通量	流[明]	lm
(光)照度	勒[克斯]	lx

2.国家选定的非国际单位制单位

国家选定的非国际单位制单位见表1-3-4。

国家选定的非国际单位制单位 表1-3-4

量的名称	单位名称	单位符号
时间	分	min
	[小]时	h
	天(日)	d
平面(角)	度	(°)
	[角]分	(′)
	[角]秒	(″)
体积、容积	升	L(1)
质量	吨	(t)
	原子质量单位	μ
旋转速度	转每分	r/min
长度	海里	n mile
速度	节	kn
能	电子伏	eV
级差	分贝	dB
线密度	特[克斯]	tex

3.由以上单位构成的组合形式的单位

如:速度单位米每秒(m/s)、比热容单位焦每千克开[J/(kg·K)]、[动力]黏度单位帕秒(Pa·s)等。

4.由词头和以上单位所构成的十进倍数和分数单位

如:长度单位千米(km)、压力单位兆帕(MPa)、频率单位吉赫(GHz)、电压单位微伏(μV)、电容单位皮法(pF)等。

第二节 数理统计知识

一、常用数值运算知识

在运算中,经常有不同有效位数的数据参加运算。在这种情况下,需将有关数据进行适当的处理。

1.加减运算

当几个数据相加或相减时,它们的小数点后的数字位数及其和或差的有效数字的保留,应以小数点后位数最少(即绝对误差最大)的数据为依据,如图1-3-1所示。

图1-3-1 算例

如果数据的运算量较大时,为了使误差不影响结果,可以对参加运算的所有数据多保留一位数据进行运算。

2. 乘除运算

当几个数据相乘或相除时,各参加运算数据所保留的位数,以有效数字位数最少的为标准,其积或商的有效数字也依此为准。例如,当 $0.0121 \times 30.64 \times 2.05782$ 时,其中 0.0121 的有效数字位数最少,所以,其余两数应修约成 30.6 和 2.06 与之相乘,即:$0.0121 \times 30.6 \times 2.06 = 0.763$。

二、数值修约知识

数值修约就是通过省略原数值的最后若干位数字,调整所保留的末位数字,使最后所得到的值最接近原数值的过程。经数值修约后的数值称为(原数值的)修约值。

修约间隔是指修约值的最小数值单位。修约间隔的数值一经确定,修约值即为该数值的整数倍,举例如下。

例1-3-1 如指定修约间隔为 0.1,修约值应在 0.1 的整数倍中选取,相当于将数值修约到一位小数。

例1-3-2 如指定修约间隔为 100,修约值应在 100 的整数倍中选取,相当于将数值修约到"百"数位。

数值修约规则如下:

1. 确定修约间隔

(1)指定修约间隔为 10^{-n}(n 为正整数),或指明将数值修约到 n 位小数。

(2)指定修约间隔为 1,或指明将数值修约到"个"数位。

(3)指定修约间隔为 10^n(n 为正整数),或指明将数值修约到 10^n 数位,或指明将数值修约到"十""百""千"……数位。

2. 进舍规则

(1)拟舍弃数字的最左一位数字小于5,则舍去,保留其余各位数不变。

例1-3-3 将 12.1498 修约到个数位,得 12;将 12.14988 修约到一位小数,则得 12.1。

例1-3-4 某沥青针入度测试值为 70.1、69.5、70.8(0.1mm),则该沥青试验结果为先算得平均值为 70.1,然后进行取整(即修约到个数位),得针入度试验结果是 70(0.1mm)。

(2)拟舍弃数字的最左一位数字大于5,则进一,即保留数字的末位数字加1。

例1-3-5 将 1268 修约到"百"数位,得 13×10^2(特定场合可写为 1300);将 1268 修约到

"十"数位,得 12.7×10^2（特定场合可写为 1270）。

说明："特定场合"系指修约间隔明确时。

（3）拟舍弃数字的最左一位数字是 5,且其后有非 0 数字时进一,即保留数字的末位数字加 1。

例 1-3-6 将 10.5002 修约到个数位,得 11。

（4）拟舍弃数字的最左一位数字为 5,且其后无数字或皆为 0 时,若所保留的末位数字为奇数（1,3,5,7,9）则进一,即保留数字的末位数字加 1;若所保留的末位数字为偶数（0,2,4,6,8）,则舍去。即"奇进偶不进"。

例 1-3-7 将 12.500 修约到个位数,得 12。

将 13.500 修约到个位数,得 14。

例 1-3-8 修约间隔为 0.1（或 10^{-1}）。

拟修约数值	修约值
1.050	10×10^{-1}（特定场合可写成为 1.0）
0.35	4×10^{-1}（特定场合可写成为 0.4）

例 1-3-9 修约间隔为 1000（或 10^3）

拟修约数值	修约值
2500	2×10^3（特定场合可写成为 2000）
3500	4×10^3（特定场合可写成为 4000）

例 1-3-10 数值准确至三位小数（修约间隔为 0.001 或 10^{-3}）。

某沥青密度试验测试值分别为 1.034、1.031（g/cm^3）,则该沥青密度试验结果为:先算得平均值为 1.0325,修约后试验结果是 $1.032 g/cm^3$。

（5）负数修约时,先将它的绝对值按上述的规定进行修约,然后在所得值前面加上负号。

例 1-3-11 将下列数值修约到"十"数位。

拟修约数值	修约值
-355	-36×10（特定场合可写成为 -360）
-325	-32×10（特定场合可写成为 -320）

例 1-3-12 将下列数值修约到三位小数,即修约间隔为 10^{-3}。

拟修约数值	修约值
-0.0365	-36×10^{-3}（特定场合可写成为 -0.036）

3. 不允许连续修约

拟修约数字应在确定修约间隔或指定修约数位后一次修约获得结果,不得多次按"进舍规则"连续修约。

例 1-3-13 修约 97.46,修约间隔为 1。

正确的做法:97.46→97。

不正确的做法:97.46→97.5→98。

例 1-3-14 修约 15.4546,修约间隔为 1。

正确的做法:15.4546→15。

不正确的做法:15.4546→15.455→15.46→15.5→16。

在具体实施中,有时测试与计算部门先将获得数值按指定的修约数位多一位或几位报出,而后由其他部门判定。为避免产生连续修约的错误,应按下述步骤进行:

①报出数值最右的非零数字为 5 时,应在数值右上角加"＋"或加"－"或不加符号,分别表明已进行过舍、进或未舍未进。

例 1-3-15 16.50^+ 表示实际值大于 16.50,经修约舍弃为 16.50;16.50^- 表示实际值小于 16.50,经修约进一为 16.50。

②如对报出值需进行修约,当拟舍弃数字的最左一位数字为 5,且其后无数字或皆为零时,数值右上角有"＋"者进一,有"－"者舍去,其他仍按"进舍规则"的规定进行。

例 1-3-16 将下列数值修约到个数位(报出值多留一位至一位小数)

实测值	报出值	修约值
15.454 6	15.5^-	15
$-15.454\ 6$	-15.5^-	-15
16.520 3	16.5^+	17
$-16.520\ 3$	-16.5^+	-17
17.500 0	17.5	18

4. 0.5 单位修约与 0.2 单位修约

在对数值进行修约时,若有必要,也可采用 0.5 单位修约或 0.2 单位修约。

(1)0.5 单位修约(半个单位修约)

0.5 单位修约是指按指定修约间隔对拟修约的数值 0.5 单位进行的修约。

0.5 单位修约方法如下将拟修约数值 X 乘以 2,按指定修约间隔对 $2X$ 依"进舍规则"进行修约,所得数值($2X$ 修约值)再除以 2。

例 1-3-17 将下列数字修约到"个"数位的 0.5 单位修约。

拟修约数值 X	$2X$	$2X$ 修约值	X 修约值
60.25	120.5	120	60.0
60.38	120.76	121	60.5
60.28	120.56	121	60.5
-60.75	-121.50	-122	-61.0

例 1-3-18 某沥青软化点试验测试值为:48.2℃、48.7℃,结果准确至 0.5℃。则该沥青软化点试验结果为:先算得平均值为 48.45℃,修约后试验结果如下:

拟修约数值 X	$2X$	$2X$ 修约值	X 修约值
48.45	96.9	97	48.5

(2)0.2 单位修约

0.2 单位修约是指按指定修约间隔对拟修约的数值 0.2 单位进行的修约。

0.2 单位修约方法如下将拟修约数值 X 乘以 5,按指定修约间隔对 $5X$ 依"进舍规则"进行修约,所得数值($5X$ 修约值)再除以 5。

例 1-3-19 将下列数字修约到"百"数位的 0.2 单位修约。

拟修约数值 X	$5X$	$5X$ 修约值	X 修约值
830	4150	4200	840
842	4210	4200	840
832	4160	4200	840
-930	-4650	-4600	-920

三、误差计算知识

1. 测量误差

在一定的环境条件下,材料的某些物理量应当具有一个确定的值。但在实际测量中,要准确测定这个值是十分困难的。因为尽管测量环境条件、测量仪器和测量方法都相同,但由于测量仪器计量不准,测量方法不完善以及操作人员水平等各种因素的影响,各次各人的测量值之间总有不同程度的偏离,不能完全反映材料物理量的确定值(真值)。测量值 X 与真值 X_0 之间存在的这一差值 Y,称为测量误差,其关系为:

$$X_0 = X + Y \tag{1-3-1}$$

大量实践表明,一切实验测量结果都具有这种误差。

了解误差基本知识的目的在于分析这些误差产生的原因,以便采取一定的措施,最大限度地加以消除,同时科学地处理测量数据,使测量结果最大限度地反映真值。因此,由各测量值的误差积累,计算出测量结果的精确度,可以鉴定测量结果的可靠程度和测量者的实验水平。根据生产、科研的实际需要,预先估计出测量结果的允许误差,可以选择合理的测量方法和适当的仪器设备,规定必要的测量条件,可以保证测量工作的顺利完成。

2. 测量误差的分类

根据误差产生的原因,按照误差的性质,可将测量误差分为系统误差、随机误差和过失误差。

系统误差是指人机系统产生的误差,是由一定原因引起的,在相同条件下多次重复测量同一物理量时,使测量结果总是朝一个方向偏离,其绝对值大小和符号保持恒定,或按一定规律变化,因此有时称之为恒定误差。系统误差主要由下列原因引起。

(1)仪器误差

仪器误差是指由于测量工具、设备、仪器结构上的不完善,电路的安装、布置、调整不得当,仪器刻度不准或刻度的零点发生变动,样品不符合要求等原因所引起的误差。

(2)人为误差

人为误差是指由观察者感官的最小分辨力和某些固有习惯引起的误差。例如,由于观察者感官的最小分辨力不同,在测量玻璃软化点和玻璃内应力消除时,不同人观测就有不同的误差。某些人的固有习惯,例如在读取仪表读数时总是把头偏向一边等,也会引起误差。

(3)外界误差

外界误差也称环境误差,是由于外界环境(如温度、湿度等)的影响而造成的误差。

(4)方法误差

方法误差是指由于测量方法的理论根据有缺点,或引用了近似公式,或实验室的条件达不到理论公式所规定的要求等造成的误差。

(5)试剂误差

在材料的成分分析及某些性质的测定中,有时要用一些试剂,当试剂中含有被测成分或含有干扰杂质时,也会引起测量误差,这种误差称为试剂误差。

一般地说,系统误差的出现是有规律的,其产生原因往往是可知的或可掌握的。只要仔细观察和研究各种系统误差的具体来源,就可设法消除或降低其影响。

随机误差是由不能预料、不能控制的原因造成的。例如实验者对仪器最小分度值的估读,很难每次严格相同;测量仪器的某些活动部件所指示的测量结果,在重复测量时很难每次完全相同,尤其是使用年久的或质量较差的仪器时更为明显。

无机非金属材料的许多物化性能都与温度有关。在实验测定过程中,温度应控制恒定,但温度恒定有一定的限度,在此限度内总有不规则的变动,导致测量结果发生不规则的变动。此外,测量结果与室温、气压和湿度也有一定的关系。由于上述因素的影响,在完全相同的条件下进行重复测量时,测量值或大或小、或正或负,起伏不定。这种误差的出现完全是偶然的,无规律性,所以有时称之为偶然误差。

随机误差的特点就个体而言是不确定的。产生的这种误差的原因是不固定的,它的来源往往也一时难以察觉,可能是由于测定过程中外界的偶然波动、仪器设备及检测分析人员某些微小变化等所引起的,误差的绝对值和符号是可变的,检测结果时大时小、时正时负,带有偶然性。但当进行很多次重复测定时,就会发现,随机误差具有统计规律性,即服从于正态分布。

过失误差也叫错误,是一种与事实不符的显然误差。这种误差是由于实验者粗心,不正确的操作或测量条件突然变化所引起的。例如仪器放置不稳,受外力冲击产生毛病测量时读错数据、记错数据;数据处理时单位搞错、计算出错等。显然,过失误差在实验过程中是不允许的。

3. 误差表示方法

为了表示误差,工程上引入了精密度、准确度和精确度的概念。精密度表示测量结果的重演程度,精密度高表示随机误差小;准确度指测量结果的正确性,准确度高表示系统误差小;精确度(又称精度)包含精密度和准确度两者的含义,精确度高表示测量结果既精密又可靠。根据这些概念,误差的表示方法有以下三种。

(1)极差

极差是指测量最大值与最小值之差,即:

$$R = X_{max} - X_{min} \tag{1-3-2}$$

式中:R——极差,表示测量值的分布区间范围;

X_{max}——同一物理量的最大测量值;

X_{min}——同一物理量的最小测量值。

极差可以粗略地说明数据的离散程度,既可以表征精密度,也可以用来估算标准偏差。

(2)绝对误差

绝对误差是指测量值与真值间的差异,即:

$$\Delta X_i = X_i - X_0 \tag{1-3-3}$$

式中:ΔX_i——绝对误差;

X_i——第 i 次测量值;

X_0——真值。

(3)相对误差

相对误差是指绝对误差与真值的比值,一般用百分比表示,即:

$$\varepsilon = \frac{\Delta X_i}{X_0} \tag{1-3-4}$$

相对误差 ε 既反映测量的准确度,又反映测量的精密度。

绝对误差和相对误差是误差理论的基础,在测量中已广泛应用,但在具体使用时要注意它们之间的差别与使用范围。在某些实验测量及数据处理中,不能单纯从误差的绝对值来衡量数据的精确程度,因为精确度与测量数据本身的大小也很有关系。例如,在称量材料的重量时,如果重量接近 10t,准确到 100kg 就够了,这时的绝对误差虽然是 100kg,但相对误差只有1%;而称量的量总共不过 20kg,即使准确到 0.5kg 也不能算精确,因为这时的绝对误差虽然是0.5kg,相对误差却有 2.5%。经对比可见,后者的绝对误差虽然比前者小 200 倍,相对误差却比前者大 2.5 倍。相对误差是测量单位所产生的误差,因此,不论是比较各测量值的精度还是评定测量结果的质量,采用相对误差更为合理。

在实验测量中应当注意到,虽然用同一仪表对同一物质进行重复测量时,测量的可重复性越高就越精密,但不能肯定准确度一定高,还要考虑到是否有系统误差存在(如仪表未经校正等);否则,虽然测量很精密也可能不准确。因此,在实验测量中要获得很高的精确度,必须有高的精密度和高的准确度来保证。

四、常用统计基础知识

(一)基本概念

1.事件和随机事件

事件是指观测或试验的一种结果。例如,测量零件的半径所得的结果为 4.51mm、4.52mm、4.53mm、…,这里每个可能出现的测量结果都称为事件。

在客观世界中,我们可以把事件大致分为确定性和不确定性两类。

试验可以在相同的条件下重复进行,每次试验的可能结果不止一个,并在事先能明确所有出现的结果,但是在试验之前不能确定哪一个结果会出现,满足这些条件的试验称为随机试验。

概率论和数理统计就是从两个不同侧面来研究这类不确定性事件的统计规律性。在概率统计中,把客观世界可能出现的事件区分为最典型的 3 种情况:

(1)必然事件——在一定条件下必然出现的事件,用 U 表示。

(2)不可能事件——在一定条件下不可能出现的事件,用 V 表示。

(3)随机事件——在随机试验中,对一次试验可能出现也可能不出现,而在多次重复试验中却具有某种规律的事件。随机事件是概率论的研究对象,常用 A、B、C、…表示。随机事件即是随机现象的某种结果。

2.随机变量

如果某一变量(例如测量结果)在一定条件下,取某一值或在某一范围内取值是一个随机事件,则这样的量叫作随机变量。

按照随机变量所取数值的分布情况不同,可将随机变量分为以下两种:

(1)连续性随机变量。若随机变量 X 可在坐标轴上某一区间内取任一数值,即取值布满区间或整个实数轴,则称 X 为连续型随机变量。例如,打靶命中点的可能值是充满整个靶面的,属于连续型随机变量。

(2)离散型随机变量。若随机变量 X 的取值可离散地排列为 x_1、x_2、…,而且 X 以各种确定的概率取这些不同的值,即只取有限个或可数个实数值,则称 X 为离散型随机变量。

3.分布函数

随机变量的特点是以一定的概率取值,但并不是所有的观测或试验都能以一定的概率取某一个固定值。例如,对某工件的直径,作为被测量最佳估计值的测量结果是随机变量,记作

X,它的真值是充满某一个区间的(并非某一个固定值)。此时,我们所关心的问题是它落在该区间的概率是多少,即

$$P(a \leqslant X \leqslant b) = ?$$

根据概率加法定理有:

$$P(a \leqslant X \leqslant b) = P(X < b) - P(X < a) \tag{1-3-5}$$

显然,只要求出 $P(X < b)$ 及 $P(X < a)$ 即可,这要比 $P(a \leqslant X \leqslant b)$ 的计算简单许多,因为它们只依赖一个参数。

对于任何实数 x,事件 $(X \leqslant x)$ 的概率当然是一个 x 的函数。令 $F(x) = P(X < x)$,这里 $F(x)$ 即为随机变量 X 的分布函数。分布函数 $F(x)$ 完全决定了事件 $(a \leqslant X \leqslant b)$ 的概率,或者说,分布函数 $F(x)$ 完整地描述了随机变量 X 的统计特性。

(二)常见随机变量的概率分布

1. 均匀分布

均匀分布是一种简单的概率分布,分为离散型均匀分布和连续型均匀分布,见图1-3-2。

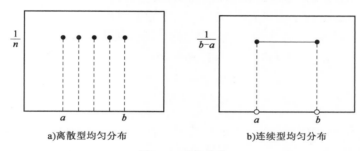

a)离散型均匀分布　　　　b)连续型均匀分布

图1-3-2　均匀分布

2. 正态分布

正态分布是数理统计中一种重要的理论分布,是许多统计方法的理论基础,见图1-3-3。

3. t 分布

在概率论和统计学中,学生 t-分布经常应用于对呈正态分布的总体的均值进行估计,它是对两个样本均值差异进行显著性测试的学生 t 测定的基础,见图1-3-4。

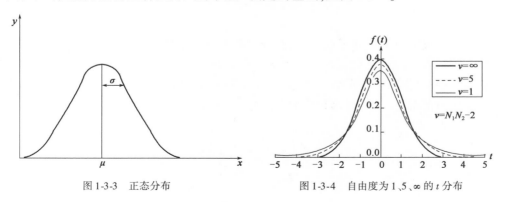

图1-3-3　正态分布　　　　　　　图1-3-4　自由度为1、5、∞ 的 t 分布

(三) 常用数理统计工具

1. 调查表

在进行统计工作时,首先要收集数据,收集来的数据要规范化、表格化。统计分析用的调查表,是利用统计表对数据进行整理和初步分析原因的一种工具。针对不同的需要,常用的格式有以下几种:

(1)不合格项目分类统计调查表。如混凝土施工可按配合比、拌和、运输、浇筑、振捣逐一统计;也可统计不合格的频率及百分比,并可分析不合格的原因。

(2)工序质量特性分布统计分析调查表。可以对各种参数分别进行统计分析,找出产生问题的主要原因。

(3)调查缺陷位置的统计分析调查表。

2. 分层法

分层法是将所有收集的数据按照来源、性质、使用目的和要求,分类加以归纳、总结和分析,然后再用其他统计分析方法将分类后的数据加工成图标。

分层法是数据分析的一项基础工作。分层的好坏直接影响着后期分析的结果。例如,直方图分层不好时,就会出现峰型和平顺型;排列图分层不好时,矩形高度差不多,无法分清因素的主次。

3. 因果图

因果图又称"特性要因图",也有人根据其图形如鱼骨状或树枝状,称其为"鱼骨图"或"树枝图"。这是一种逐步深入研究和讨论质量问题的图示方法。它把对质量问题有影响的一些重要因素加以分析和分类,依照这些原因的大小次序在同一张图上分别用主干、大枝和小枝图形表示出来,即为因果图。有了因果图,就可以对因果做出明确而系统的整理,从而可一目了然、系统地观察所产生质量问题的原因,有利于研究解决的办法。

在进行因果分析过程中,对那些认为比较重要的因素,要用特殊记号标注说明,然后根据查找出来的问题,从大到小,通过研究绘制对策表,针对查找出的影响质量的因素,制定对策,落实解决的办法。

4. 直方图

直方图是通过对数据的加工处理,从而分析和掌握质量数据的分布和估算工序不合格品率的一种方法。直方图有频数直方图和频率直方图两种,其中以频数直方图使用较多。样本数据频数直方图,是指将样本观测值 X_1、X_2、$\cdots$、X_n 进行适当的分组,然后计算各组中数据的个数。以样本取值范围为横坐标,以频数为纵坐标,将按样本序列划分的组及其频率的柱状图连续画在图中而得,见图1-3-5。

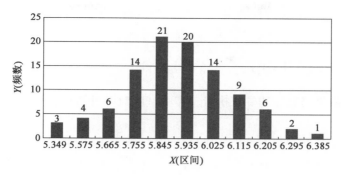

图 1-3-5 直方图

第三节 样品管理知识

《检验检测机构资质认定能力评价 检验检测机构通用要求》(RB/T 214—2017)中规定:"检验检测机构应建立和保持样品管理程序,以保护样品的完整性并为客户保密。检验检测机构应有样品的标识系统,并在检验检测整个期间保留该标识。在接收样品时,应记录样品的异常情况或记录对检验检测方法的偏离。样品在运输、接收、处置、保护、存储、保留、清理或返回过程中应予以控制和记录。当样品需要存放或养护时,应维护、监控和记录环境条件。"

本章节主要阐述取样、样品确认和残样管理三个方面。

一、取样方法知识

取样是指从总体中抽取个体或样品的过程,也即对总体进行试验或观测的过程。取样分为随机抽样和非随机抽样两种类型。前者指遵照随机化原则从总体中抽取样本的抽样方法,它不带任何主观性,包括简单随机抽样、系统抽样、整群抽样和分层抽样。后者是一种凭研究者的观点、经验或者有关知识来抽取样本的方法,带有明显的主观色彩。

国内涉及取样的比较重要的两部标准是《计数抽样检验程序 第 1 部分:按接收质量限(AQL)检索的逐批检验抽样计划》(GB/T 2828.1—2012)、《计量抽样检验程序 第 1 部分:按接收质量限(AQL)检索的对单一质量特性和单个 AQL 的逐批检验的一次抽样方案》(GB/T 6378.1—2008),同时有很多产品标准对抽样方法、数量等作出了具体规定。一般情况下,应采用产品标准中规定抽样方法抽样,不同时考虑其他通用抽样标准;特定情况下,也可按照双方商定的抽样方法和数量抽取样品。

二、样品确认知识

接收样品和领取样品时,应检查样品是否符合规范要求,对样品的符合性进行确认。接收样品时,样品应由样品管理人员和送样人员共同确认,确认内容包括样品及其配件、资料的数量、质量及其完整性等与规范要求的符合性;如样品出现与规范要求不符的情形,应在委托单或合同单上予以准确描述。领取样品时,样品应由检测人员和样品管理人员共同确认,按照任

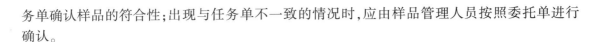

务单确认样品的符合性;出现与任务单不一致的情况时,应由样品管理人员按照委托单进行确认。

三、留样与残样管理知识

留样应根据样品检测方法的要求执行。实验室应对各种留样进行整理,并做好留样登记台账。

检测完毕后的样品原则上不予长期保存,如有特殊要求,由样品管理员将其隔离存放,并做好相应记录,危险品的储存须符合有关规定。通常检后样品的处理分为"客户取回""逾期报废"两种方式,应与客户协商进行并在合同或委托单上注明。

(1)客户选择取回样品时,填写"样品交割单"后由客户自行取回。

(2)对逾期报废的样品,一般由样品管理员提出申请后,汇总并下发处置单,由管理者批准后实施。

第四节　质量检测仪器设备知识

一、仪器设备管理

《检验检测机构资质认定能力评价　检验检测机构通用要求》(RB/T 214—2017)中规定:"检验检测机构应配备满足检验检测标准或者技术规范的设备和设施,确保仪器设备的使用和维护满足检验检测工作要求,并正确开展仪器设备的标识管理、期间核查与量值溯源等。"

本节重点介绍仪器设备的维护保养、期间核查及量值溯源。

二、仪器设备维护保养

《检验检测机构资质认定能力评价　检验检测机构通用要求》(RB/T 214—2017)中,对设备设施维护的要求为:"检验检测机构应建立和保持检验检测设备和设施管理程序,以确保设备和设施的配置、使用和维护满足检验检测工作需要。"

1. 维护保养要求及内容

检验检测机构应对大型仪器设备制定维护保养计划,指定授权操作人员按计划进行维护保养,并填写维护保养记录。

维护保养的主要内容包括:主机及配件完整性检查、外观清洁、端口清理、连接线整理、供电单元查验、性能校核等;必要时,可请仪器设备厂家或专业仪器设备维护服务提供者开展维护保养工作。

携带仪器设备到现场检验检测(或检定/校准)时,应将仪器设备置于稳固的包装箱内,并在运输过程中避免强烈振动。到达现场后,应检查环境条件,符合要求后开机,对其功能和状态进行核查并记录。

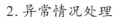

2. 异常情况处理

仪器设备核查出现不符合或者异常现象,可按照如下方式进行处理:

(1)操作人员及时通知设备管理员,由设备管理员对该仪器设备予以隔离并加贴停用标识。

(2)操作人员分析产生原因,核查这些缺陷对先前的检测结果是否存在影响;若存在影响,应对其进行修正或作为异常值不予采用。

(3)操作人员将设备故障情况报告设备管理员、提出维修申请,并填写仪器设备维修记录表,作为设备异常记录交由设备管理员,由设备管理员按照机构内部程序要求完成维修。

(4)对于修复后可能影响量值准确性的仪器设备需经检定/校准,且确认合格后再行使用。

三、仪器设备期间核查

(一)期间核查的概念及目的

依据《通用计量术语及定义》(JJF 1001—2011),期间核查是根据规定程序,为了确定计量标准、标准物质或其他测量仪器是否保持其原有状态而进行的操作。期间核查的概念可以表述为测量设备在使用过程中或在相邻两次检定/校准之间,按照规定程序验证其功能或计量特性能否持续满足方法要求或规定要求而进行的操作。

在日常工作中,需要经常对测量设备的性能进行期间核查,及时识别可能发生超出预期范围的情况,以便确认其性能是否得到有效维持或是否满足其使用要求,而不会使测量设备得到非预期的使用。

(二)期间核查的对象

按照《检测和校准实验室能力的通用要求》(ISO/IEC 17025:2017)和《法定计量检定机构考核规范》(JJF 1069—2012)以及《检验检测机构资质认定能力评价 检验检测机构通用要求》(RB/T 214—2017)的要求,校准实验室和法定计量检定机构及检验检测机构必须对其计量标准和标准物质进行期间核查。

期间核查适用于所有设备,但不是所有设备均需要进行期间核查,对于无法寻找核查标准(物质)(如破坏性试验)的设备就无法进行期间核查。对于可以进行期间核查的设备,检验检测机构应制定期间核查计划,明确期间核查的方法与周期,必要时制定相应的作业指导书,保存期间核查记录并归档到相应设备档案中。

判断设备是否需要期间核查,至少需考虑以下因素:

(1)设备校准周期。因设备使用频率较低,校准周期长于校准规范规定的时间。

(2)历次校准结果。历次校准结果的数值相差较大,设备稳定性较差。

(3)质量控制结果。用于质量控制活动的设备如参加能力验证、试验室间比对,其结果不稳定或误差较大。

(4)设备使用频率。

(5)设备维护情况。

(6)设备操作人员及环境的变化。

(7)设备使用范围的变化。

期间核查的重点仪器设备有:

(1)性能不稳定,漂移率大的。

(2)使用非常频繁的。

(3)经常携带到现场检测的。

(4)在恶劣环境下使用的。

(5)曾经过载或怀疑有质量问题的。

(6)因设备使用频率较低,校准周期长于校准规范规定的时间。

(三)期间核查常用方法

期间核查的常用方法有仪器设备间比对、标准物质法、留样再测法、方法比对,下面逐一介绍这几种方法。

1.仪器设备间比对

(1)传递测量法

当对计量标准进行核查时,如果实验室内具备高一等级的计量标准,则可方便地对用其被核查计量标准的功能和范围进行检查,当结果表明被核查的相关特性符合其技术指标时,可认为核查通过。如利用高精度的万分之一电子天平检查其他较低精度的天平,将万分之一电子天平称量的物质放在低精度天平称量,看其是否满足相应天平精度的要求。

当对其他测量设备进行核查时,如果实验室具备更高准确度等级的同类测量设备或可以测量同类参数的设备,当这类设备的测量不确定度不超过被核查设备不确定度的1/3时,则可以用其对被核查设备进行检查,当结果表明被核查的相关特性符合其技术指标时,认为核查通过。当测量设备属于标准信号源时,也可以采用此方法。

(2)多台(套)设备测量法

当实验室没有高一等级的计量标准或其他测量设备,但具有多台(套)同类的具有相同准确度等级的计量标准或测量设备时,可以采用这一方法。

首先,用被核查的测量设备对核查标准进行测量,得到的测量值为 y_1;然后,用其他几台设备分别对核查标准进行测量,得到的测量值分别为 y_1、y_2、y_3、$\cdots$、y_n,计算其平均值为 $\bar{y}$,则当 $|y_1 - \bar{y}| \leqslant \sqrt{\dfrac{n-1}{n}} U$ 时,认为核查结果满意(式中,U 为用被核查设备对核查标准进行测量时的扩展不确定度)。

(3)两台(套)设备比对法

当实验室只有两台(套)同类测量设备时,可用它们对核查标准进行测量,得到的测量值分别为 y_1、y_2。假设它们的测量不确定度分别为 U_1 和 U_2,则当满足 $|y_1 - y_2| \leqslant \sqrt{U_1^2 - U_2^2}$ 时,认为核查结果满意。如实验室用于钢筋试验的万能试验机可采用上述方法进行比对,但选择的钢筋一定是在同一根上截取的。

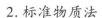

2. 标准物质法

当实验室具有被核查设备的标准物质时,可用标准物质作为核查标准。若用标准物质去检查被核查设备的参数,得到的测量值为 y,判别准则为:

$$\left| \frac{y - Y}{\Delta} \right| \leqslant 1 \tag{1-3-6}$$

式中:y——测量值;

Y——标准物质代表的值;

Δ——与被核查设备准确度等级对应的允差限。

用于期间核查的标准物质应能溯源至 SI,或是在有效期内的有证标准物质。

当无标准物质时,可用已经定值的标准溶液对测量设备进行核查。如 pH 计、离子计、电导仪等可用定值溶液进行核查。

3. 留样再测法

留样再测法又称为稳定性实验法、重复测量法。

当测量设备经检定或校准得到其性能数据后,立即用其对核查标准进行测量,把得到的测量值 y_1 作为参考值。这时的核查标准可以是测量设备,也可以是实物样品。然后在规定条件下保存好该核查标准,并尽可能不作他用。在规定或计划的核查频次上,用测量设备分别对该核查标准进行测量,得到测量值 y_1、y_2、y_3、$\cdots$、y_n。判别准则为:

$$\begin{cases} |y_1 - y_2| \leqslant \sqrt{2}\,U \\ |y_1 - y_3| \leqslant \sqrt{2}\,U \\ \qquad \cdots \\ |y_1 - y_n| \leqslant \sqrt{2}\,U \end{cases} \tag{1-3-7}$$

式中:U——扣除由系统效应引起的标准不确定度分量后的扩展不确定度。

用于钢筋试验的万能试验机可按照上述方法进行期间核查。在同一根钢筋上截取样品分阶段进行试验,比较在设备检定后立即测量的力值和使用一段时间测得的力值的变化情况。

4. 方法比对

可以采用不同的方法对测量设备进行核查。当两种方法的两次测量是在不同测量设备上进行的,可按留样再测法进行判别。

检验检测机构进行期间核查后,应对数据进行分析,确认设备的稳定性。经分析发现仪器设备已出现较大偏离,可能导致检测结果不准确时,应按照相关规定处理(包括重新检定/校准),直到确认设备数据稳定后才可再使用。

(四)期间核查实例

下面举例介绍采用留样再测法对电子万能材料试验机进行期间核查。

电子万能材料试验机期间核查作业指导书

1. 被核查设备

设备名称:电子万能材料试验机;规格型号:××××。

2. 核查环境条件

试验应在10~35℃的室温进行;对温度有严格要求的试验,试验温度应为23℃±5℃。

3. 核查内容及方法

用同一个金属样品加工成两组力学试件,按照《金属材料 拉伸试验 第1部分:室温试验方法》(GB/T 228.1—2021)规定的方法进行拉伸试验。对两次试验所得的最大荷载值进行对比,从而判断所核查的电子万能材料试验机性能是否正常。

4. 核查频次

在前、后两次校准之间进行,具体日期按照年度期间核查计划,并可根据设备运行状况适时增加。

5. 核查程序

(1)选定一个金属样品加工10件力学试件并对它们进行编号,取1、3、5、7、9号作为初期核查组,2、4、6、8、10号作为中期核查组。

(2)在被核查试验机校准完成后15个工作日内,用其测试初期核查组试件的最大荷载值,取其算数平均值作为本次试验的结果y_1。

(3)中期核查组试件抹油封存保管。

(4)在两次校准周期的中期,用被核查试验机测试中期核查组试件的最大荷载值,取其算数平均值作为本次试验的结果y_2。

(5)核查结果判定:若$|y_1 - y_2| \leqslant \sqrt{2}U$,则核查结果满足要求;否则不满足要求。式中,$U$为扣除由系统效应引起的标准不确定度分量后的扩展不确定度。

6. 核查结果处理

(1)若核查结果满足要求,被核查试验机则可继续使用。

(2)若核查结果不满足要求,被核查试验机应立刻停止使用并进行再校准;若影响到已出具报告结果有效性时,应采取相应的补救措施。

四、仪器设备量值溯源

(一)计量溯源有关概念

计量标准:指为了定义、实现、保存或复现量的单位或一个或多个量值,依据一定标准技术文件,建立的一套用作参考的实物量具、测量仪器、参考(标准)物质或测量系统。

计量参数:指除外观质量等目测、手感项目外的影响仪器设备量值准确性的技术参数。当

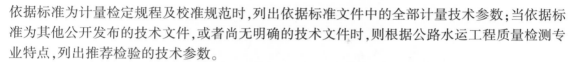

依据标准为计量检定规程及校准规范时,列出依据标准文件中的全部计量技术参数;当依据标准为其他公开发布的技术文件,或者尚无明确的技术文件时,则根据公路水运工程质量检测专业特点,列出推荐检验的技术参数。

《公路工程试验检测仪器设备服务手册》中所列计量参数,是对仪器设备质量、功能及性能的全面衡量。在实际校准、测试工作中,还应根据具体试验检测工作的需要,有选择性地检验,以免造成不必要的资源浪费。如土工试验用烘箱,一般检验温度偏差、湿度偏差、温度均匀度3项计量参数,即可满足质量检测工作需求,而相应依据标准列出的温度波动度、湿度波动度等参数,虽然也是衡量烘箱质量性能的技术参数,但并不影响土工质量检测结果,可不检验。

量值传递:指通过测量仪器的校准或检定,将国家测量标准所实现的单位量值通过各等级的测量标准传递到工作测量仪器的活动,以保证测量所得量值的准确统一。

计量溯源性:指通过文件规定的不间断校准链,将测量结果与参照对象联系起来的特性。每次校准均会引入测量不确定的度。

计量溯源链:简称溯源链,用于将测量结果与参照对象联系起来的测量标准和校准次序。计量溯源链是通过校准等级关系规定的,用于建立测量结果的计量溯源性。两台测量标准之间的比较,如果用于对其中一台测量标准进行核查以及必要时修正量值并出测量不确定度,则可视为一次校准。

下面介绍常见的两种溯源方式检定和校准的概念、适用范围、区别。

(二)概念与适用范围

1.检定

计量器具和测量仪器的检定简称计量检定。

国际计量组织对"检定"给出的定义是"查明和确认测量仪器符合法定要求的活动,它包括检查、加标记和(或)出具检定证书"。对仪器设备进行检定时,一般应检验列出的全部计量参数。

凡列入《中华人民共和国依法管理的计量器具目录》,直接用于贸易结算、安全防护、医疗卫生、环境检测方面的工作计量器具,必须定点、定期送检,如玻璃液体温度计、天平、流量计、压力表等实行强制检定,取得检定证书的设备均为合格设备。

2.校准

校准是指在规定条件下,为确定计量仪器或测量系统的示值或实物量具或标准物质所代表的值与相对应的被测量的已知值之间关系的一组操作。

校准可以用文字说明、校准函数、校准图、校准曲线或校准表格的形式表示,某些情况下,可以包含示值的具有测量不确定度的修正值或修正因子。对仪器设备进行校准时,可根据仪器设备使用场合的实际需要,检验必要的全部或部分计量参数。

(1)设备校准的基本要求

《测量设备校准周期的确定和调整方法指南》(CNAS-TRL-004:2017)规定,实验室应制定设备校准方案,校准方案应包括设备的准确度要求、校准参量、校准点/校准范围、校准周期等信息。制定校准方案时,实验室应参考检测/校准方法对设备的要求、实际使用需求、成本和风险、历次校准结果的趋势、期间核查结果等因素。必要时,实验室应对已制定的校准方案进行复评和调整。

设备送校时,实验室应对校准服务机构进行评价,校准服务机构应满足《测量结果的计量溯源性要求》(CNAS-CL01-G002:2018)的相关规定。实验室应将校准方案的详细需求传达至校准服务机构。

收到校准证书后,实验室应进行计量确认,确认的内容包括校准结果的完整性、校准结果与所开展项目方法要求及使用要求的符合性判定等。

(2)设备校准周期的确定

设备初始校准周期的确定应由具备相关测量经验、设备校准经验或了解其他实验室设备校准周期的一个或多个人完成。确定设备初始校准周期时,实验室可参考计量检定规程/校准规范、所采用的方法和《公路工程试验检测仪器设备服务手册》《水运工程试验检测仪器设备检定/校准指导手册》等文件信息。

此外,实验室可综合考虑以下因素:

①预期使用的程度和频次;

②环境条件的影响;

③测量所需的不确定度;

④最大允许误差;

⑤设备调整(或变化);

⑥被测量的影响(如高温对热电偶的影响);

⑦相同或类似设备汇总或已发布的测量数据;

⑧设备后续校准周期的调整。

过长的校准周期,会导致设备失准或失效;过短的校准周期,会增加校准费用及成本。因此,合理的校准周期非常有必要。设备的校准周期以及后续校准周期的调整,一般均应由实验室(设备使用者)自己来确定,即使校准证书给出了校准周期的建议,也不宜直接采用。设备后续校准周期的调整,一般应考虑以下因素:

①实验室需要或声明的测量不确定度;

②设备超出最大允许误差限值使用的风险;

③实验室使用不满足要求设备所采取纠正措施的代价;

④设备的类型;

⑤磨损和漂移的趋势;

⑥制造商的建议;

⑦使用的程度和频次;

⑧使用的环境条件(气候条件、振动、电离辐射等);

⑨历次校准结果的趋势;

⑩维护和维修的历史记录;

⑪与其他参考标准或设备相互核查的频率;

⑫期间核查的频率、质量及结果;

⑬设备的运输安排及风险;

⑭相关测量项目的质量控制情况及有效性;

⑮操作人员的培训程度。

并非实验室的每台设备都需要校准,实验室应评估该设备对最终结果的影响,分析其不确定度对总不确定度的贡献,合理地确定是否需要校准。对不需要校准的设备,实验室应核查其状态是否满足使用要求。对需要校准的设备,实验室应在校准前确定该设备校准的参数、范围、不确定度等,以便送校时提出明确的、有针对性的要求。实验室应根据校准证书的信息,判断设备是否满足试验方法或试验规程要求。

3.检定和校准的区别

(1)校准不具法制性,是企业的自愿行为;检定具有法制性,属于计量管理范畴的执法行为。

(2)校准主要确定测量器具的示值误差;检定是对测量器具的计量特性及技术要求的全面评定。

(3)校准的依据是校准规范、校准方法,可做统一规定,也可自行制定;检定的依据是检定规程。

(4)校准不判定测量器具合格与否,但当需要时,可确定测量器具的某一性能是否符合预期的要求;检定要对所检测量器具作出合格与否的结论。

(5)校准结果通常是发校准证书或校准报告;检定结果合格的发检定证书,不合格的发不合格通知书。

(三)计量结果的确认与运用

1.计量确认的定义

计量确认是指为保证测量设备处于满足预期使用要求的状态所需要的一组操作。

2.计量确认的要求

对作为计量溯源性证据的文件(如校准证书)进行确认。确认应至少包含以下几个方面(以校准证书为例):

(1)校准证书的完整性和规范性;

(2)根据校准结果作出与预期使用要求的符合性判定;

(3)适用时,根据校准结果对相关设备进行调整、导入校准因子或在使用中修正。

计量确认的依据既不是计量检定规程,也不是设备的使用说明书,而是预期的使用要求,往往是依据试验规程。因此,仪器设备在检定或校准之前应依据试验规程或规范,明确提出设备使用的量值、测量范围和精度要求。

依据校准结果判断设备是否满足方法要求是实验室自身的工作,不宜由校准服务提供者来做出。必须经技术负责人或设备的使用人对证书或报告的数据进行确认,判定有无偏差,并对偏差进行修正,只有这样,才可确保校准结果的正确使用。

近些年来,随着计算机技术的快速发展,智能化设备的使用越来越普遍,实验室所使用的软件也被视为实验室的设备,因此需要对所有设备及其相应软件进行确认。

确认结果除在设备档案中归档外,还应留存一份放置在设备间,方便设备操作人员使用。

(四)检定/校准报告结果确认示例

以试验样品烘干或加热用烘箱的校准报告温度结果(图1-3-6)确认为例,如依据《公路土工试验规程》(JTG 3430—2020)的规定,当用作土或集料的烘干用途时,试验常用的烘箱温度范围为105~110℃。

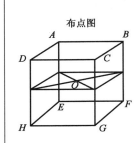

布点图

标称温度:105(℃)

实测值(℃):

布点	A	B	C	D	O	E	F	G	H
最大值	110.4	110.7	110.5	110.6	110.8	110.9	111.1	110.7	110.6
最小值	108.2	108.5	108.3	108.3	108.6	108.7	108.9	108.5	108.4

温度偏差:−3.7℃

温度波动度:±1.1℃

温度均匀度:0.7℃

本次校准结果的不确定度:

$U=1℃$,$k=2$(校准温度点:105℃)

图1-3-6　烘箱校准报告结果

烘箱标称温度为105℃,根据校准报告,温度偏差为−3.7℃,因此设定温度应修正为105 + 3.7 = 108.7(℃)。考虑温度波动度±1.1℃后,温度最高点 F 为111.1 + 1.1 = 112.2(℃),温度最低点 A 为108.2 − 1.1 = 107.1(℃)。为满足规程要求的使用范围(105~110℃),该设备温度设定值宜为 108.7 − (107.1 − 105) = 106.6(℃),而此时温度最高点为112.2 − 2.1 = 110.1(℃),基本满足要求。

因此,烘箱的校准结论为:设定温度为106.6℃,满足试验规程中105~110℃的要求。

(五)仪器设备标识管理

《检验检测机构资质认定能力评价　检验检测机构通用要求》(RB/T 214—2017)中规定:用于检验检测并对结果有影响的设备及其软件,如有可能,应加以唯一性标识。检验检测机构所有的仪器设备实施标识管理。所有仪器设备及其软件、标准物质均应有明显的标识来表明其检定/校准状态,除表明计量检定/校准合格证校准状态标识外,还应有资产管理标识卡。

1. 仪器设备的状态标识

仪器设备的状态标识可分为"合格""准用"和"停用"三种,通常以"绿""黄""红"三种颜色表示。

(1)合格标志(绿色):仪器设备经校准、检定或验证(比对)合格,确认其符合检验检测技术规范规定的使用要求。

(2)准用标志(黄色):仪器设备存在部分缺陷,但在限定范围内可以使用的(即受限使用的),包括多功能检测设备,某些功能丧失,但检验检测所用功能正常,且校准、检定或验证(比对)合格者测试设备某一量程准确度不合格,但检验检测所用量程合格者降等降级后使用的仪器设备。

(3)停用标志(红色):仪器设备目前状态不能使用,但经校准或核查证明合格或修复后可以使用的,不是检验检测机构不需要的废品杂物。废品杂物应予清理,以保持检验检测机构的整洁。停用包含:

①仪器设备损坏者;

②仪器设备经校准、检定或比对不合格者;

③仪器设备性能暂时无法确定者;

④仪器设备超过周期未校准、检定或比对者;

⑤不符合检验检测技术规范规定的使用要求者。

(4)状态标识中应包含必要的信息,如上次校准的日期、再校准或失效日期。

仪器状态合格证标识的格式内容(参考)如下:

①检定/校准日期;

②检定/校准单位;

③设备自编号;

④有效期。

2. 仪器设备资产管理标识

仪器设备资产管理标识是指通过设备名称、型号规格、生产厂家、出厂编号、设备管理编号等信息表明设备资产管理状态的标识,其格式内容参考表1-3-5。

仪器设备资产管理标识　　　　　　　　　　　　　　　　表1-3-5

名称		型号/规格	
生产厂商		购置价格	
出厂编号		购置日期	
管理编号		启用日期	
存放地点		管理人	
(单位名称)_____检测中心			

3. 张贴状态标识的注意事项

常见的表明设备使用状态的标识,一般张贴在设备的显著位置,方便使用者查看。特殊设备状态标识通常包括以下几种情况:当设备出现使用标签将会影响设备的准确性;设备的使用环境或介质不允许加贴标签或标记;设备太小无法使用标签或进行标记;有些设备是由几部分组成,且测试数据部分可以根据需要更换,如测力环、传感器等,还有一部分设备加贴标识会影响使用,如玻璃器皿、土壤密度计等。

结合交通运输行业的具体设备,下面就一些特殊设备状态标识的张贴方法给出一些建议,供实际工作中参考。

(1)路强仪标识

路强仪常见的结构形式有两种,一种是测力架加应力环,另一种为测力架加传感器。当使用有应力环的路强仪时,标识应贴在应力环上,同时标识上应标明应力环的编号,避免不同量程应力环用错回归方程;使用直读式传感器路强仪时,可将标识贴在传感器上,使用时注意传感器的精度。

(2)玻璃器皿标识

玻璃仪器贴状态标识会给设备的使用带来不便,常见的有密度计、滴定管、比重瓶等,需根据具体玻璃仪器的使用区别对待。所有玻璃仪器均需编号,做到每个仪器对应唯一的编号,即使规格相同的同样仪器,也不可共用一个编号。玻璃仪器用来量取溶液体积时需要读取数据,如量筒、移液管、滴定管等,必须通过检定合格后加贴绿色标识;用作盛装溶液无须读取数据的容器时,如烧杯、三角瓶等,可通过核查使用功能,完好加贴标识。由于玻璃器皿需要冲洗且标识易脱落,可根据编号的区别将标识集中贴在方便查阅处,如贴在相应墙面或塑料文件夹中,做到标识与玻璃器具的编号一一对应即可。密度计可以通过在包装盒上加贴标识并严格实施包装盒与密度计的对应管理来实现;比重瓶标识同量筒。

(3)水泥混凝土试模、钢尺标识

由于水泥混凝土试模数量较多,且校准费用较高,许多实验室试模校准采用"抽样调查",校准报告中所有试模使用同一编号,无法确定所用试模是否符合要求。由于无编号,导致标识无法和试模一一对应。对于混凝土试模、钢尺等可以编号后通过使用吊牌张贴标识实现一一对应管理,也可通过刻码或喷码的方式进行标识管理。

(4)负压筛析仪标识

负压筛析仪由负压筒和筛子两部分组成。由于水泥细度试验规程中,对压力和筛孔尺寸都有要求,两部分应分别校准,分别贴标识。许多试验人员误将规程中筛余系数的修正当作筛孔尺寸的校准,往往忽略筛孔尺寸的校准。用标准粉修正,是对在筛孔尺寸符合要求的前提下,由于使用过程中筛子未清洗干净而产生的误差进行的修正。在实际工作中,建议将负压筛的修正系数也以合适的方式标识在筛子上。

(5)千分表、百分表标识

由于千分表、百分表、传感器属于精密设备,出厂编号是唯一的,使用后放回包装盒时会出现盒子与表不对应。应将标识贴在千分表、百分表的背面,且标识标号、校准报告中设备编号、千分表与百分表出厂编号三者应一致。

第五节　质量检测安全知识

一、安全基础知识

(一) 用电基础知识

实验室是科学研究和技术开发的重要场所,其中电气设备是实验室不可或缺的部分。在实验室中使用电气设备需要掌握一定的基础知识,以确保设备的安全运行和人员的人身安全。

1. 基本要求

各类用电人员应掌握安全用电基本知识和所用仪器设备的性能,电工必须经过按国家现行标准考核合格后,持证上岗工作;其他用电人员必须通过相关安全教育培训和技术交底,考核合格后方可上岗工作。

2. 电气安全知识

在实验室中使用电气设备时,需要掌握以下电气安全知识:

(1)接地保护。实验室所有电气设备都必须接地,防止漏电或触电事故的发生。

(2)绝缘保护。所有电气设备必须具有足够的绝缘性能,特别是高压电源,以防止漏电或触电事故的发生。

(3)防护罩。对于容易接触到电源的设备,如开关、插座等,应该安装防护罩以避免意外触电。

(4)手持式电动工具及其用电安全装置应符合国家现行有关强制性标准的规定,且具有产品合格证和使用说明书,并定期检查和维修保养;使用手持式电动工具时,必须按规定穿戴绝缘防护用品。

(5)在使用电气设备时,必须遵循操作规程,严格按照标识和说明书指示进行操作,避免误操作引起的危险;定期检查电气设备,如开关、插头、电缆等,发现问题及时进行维修或更换,确保设备处于良好状态。

3. 电力负载知识

在实验室中,电力负载是指各种设备和实验在运行过程中所需的电能。应该对电力负载进行合理分配,避免超负荷工作,从而导致设备故障或其他安全事故的发生。另外,还需要注意以下几点:

(1)合理规划用电。在使用电气设备时,需要根据设备功率、类型和工作时间等因素,合理规划用电,以避免出现负载不均衡或电力过载等情况。

(2)预测电力需求。在试验或活动前,应提前预测电力需求,并做好充足的准备,确保电力供应满足需求。

(3)降低能耗。在试验过程中,应尽可能采用节能措施,如合理调整设备运行参数、优化设备使用时间等,从而降低能耗和电费开支。

（4）安全保护。在使用高压电源时，必须安装相应的保护装置，如过载保护、短路保护等，以保障设备和人员的安全。

4. 紧急事故处理

在电气设备使用过程中，可能会出现一些突发情况，需要进行紧急处理。一旦发生电气事故，应立即停止电源并采取以下措施：

（1）立即切断电源。在电气事故发生后，首先要立即切断电源，避免意外触电或火灾事故的发生。

（2）防止扩散。对于引起电气事故的原因，应该立即找到并处理，以防止事故扩大和加剧。

（3）救援措施。针对不同的电气事故，采取相应的救援措施，并及时通知相关人员进行协助。

（4）事故报告。对于电气事故的发生，应及时向相关部门和上级领导报告，以便统一协调和处理。

（二）用水基础知识

实验室用水是指在科学研究、工程设计、生产制造等领域中所需的用水。实验室用水对于实验结果的准确性和可靠性至关重要，因此其质量和纯度要求非常高。以下介绍实验室用水的基础知识。

1. 实验室用水的分类

实验室用水可以分为以下几种：

（1）实验室自来水。即普通自来水，通常用于药品配制、常规实验、玻璃器皿洗涤等。

（2）蒸馏水。通过蒸馏、凝结、去离子或混床法处理而成的水，一般用于高精度仪器的清洗和实验。

（3）离子交换水。利用离子交换树脂把水中的无机盐和有机物去除，制备出极端纯净的水，一般用于分析试剂和高灵敏仪器的使用。

（4）超纯水。采用多级反渗透技术制取的水，含溶解固体小于10ppb（10^{-6}g/L），一般用于化学分析、生物医学研究和纳米技术等领域。

2. 实验室用水的质量要求

实验室用水的质量要求非常高，主要包括以下几个方面：

（1）纯度。应尽量去除水中的杂质、离子和有机物，以保证结果的准确性和可靠性。

（2）pH值。应保持在中性范围内，一般在6.5~8.5之间。

（3）电导率。应控制在较低水平，一般在1~10μS/cm之间。

（4）溶氧量。应保持在适当水平，一般在7~9mg/L之间。

（5）微生物。应保持微生物数量在安全水平内，一般不超过100CFU/mL。

3. 实验室用水的处理方法

根据实验室用水的需要和要求，可以采用不同的水处理方法，主要包括以下几种：

（1）蒸馏法。将自来水加热至沸点,蒸发后冷却凝结,得到蒸馏水。该方法能够去除水中的大部分杂质和溶解固体,但不能完全去除一些特殊的有机物和无机盐。

（2）反渗透法。通过反渗透膜的过滤作用,将自来水中的溶解固体和离子去除,得到高纯度的水。

（3）离子交换法。利用离子交换树脂将水中的无机盐和有机物去除,得到高纯度的水。

（4）活性炭吸附法。将自来水通过活性炭吸附器处理,可以去除水中的有机污染物和异味。

（5）电解法。利用电解技术将水中的溶解固体和离子去除,得到极端纯净的水。

4. 实验室用水的保存和使用

实验室用水应保存在干燥、清洁、密闭的容器中,以防止水质受到外界污染。在使用时,应注意以下几点:

（1）避免将其他物质(如试剂)倒入水中,以免污染水质。

（2）不要直接用手触摸容器内的水,以防止细菌和杂质感染。

（3）不要将已经使用过的水倒回容器中,以免污染水质。

（4）所有的实验器皿和仪器应在使用前清洗干净并彻底漂洗,以保证试验结果的准确性和可靠性。

5. 实验室用水的安全知识

实验室用水安全是日常管理中的关键环节,以下是一些实验室用水安全基础知识:

（1）实验室用水的来源。用水可以来自自来水管道、超纯水机、反渗透设备等。在选择用水来源时,需要充分了解水质情况,确保符合实验要求和安全标准。

（2）检测水质。为保障实验数据的准确性和化学品的稳定性,用水需要进行严格的水质检测。常见的指标包括 pH 值、电导率、溶氧量、重金属含量等。

（3）用水设施的维护。用水设施的维护对水质的保障至关重要。需要定期清洗和消毒水槽、水龙头等设施,并及时更换滤芯和其他易损件。

（4）废水的处理。用水后产生的废水需要得到妥善处理,以减少对环境的影响。废水可以通过化学、物理等方法进行处理,也可以委托专业公司进行处理。

（三）实验室用火基础知识

实验室用火是指在科学研究、工程设计、生产制造等领域中所需的使用火焰或高温设备。实验室用火的作用非常广泛,可以用于物质变化反应、样品分析、催化合成、加热干燥等过程。以下介绍实验室用火的基础知识。

1. 实验室用火的分类

实验室用火可以分为以下几种:

（1）明火。即直接使用明火进行加热和燃烧,如酒精灯、喷灯、气焊枪等。

（2）电热。即使用电能加热,如电炉、热板、热枪等。

（3）高压氧气火焰。利用高压氧气和乙炔混合后点火产生的火焰进行加热和燃烧,主要用于金属加工和焊接。

(4)等离子弧焊。利用等离子弧的高温和高能量进行加热和熔化,主要用于金属加工和焊接。

2. 实验室用火的安全注意事项

实验室用火具有较高的危险性,因此必须严格按照安全规范操作。以下是实验室用火的安全注意事项:

(1)选择设备。应根据实验需要和环境条件,选择合适的加热设备,并确保其质量和性能符合标准要求。

(2)环境检查。在使用前,应对实验区域进行彻底的环境检查,确保没有可燃物、易爆物等危险物质存在,同时应配备相关的灭火器材和制定相应的紧急处理预案。

(3)操作注意。在使用过程中,必须严格按照操作规范进行操作,避免出现疏忽大意或操作不当导致的事故。

(4)防护措施。应佩戴防护眼镜、手套、口罩等防护用品,以及穿戴适当的工作服装。

(5)禁止单人操作。进行高温操作时,禁止单人操作,必须配备有经过专业培训并具有操作资格的工作人员。

3. 实验室用火的应用

实验室用火可以广泛应用于化学分析、催化合成、物质变化反应、样品干燥等领域。以下是一些常见的应用场景:

(1)加热反应。可以使用明火、电热等设备进行加热反应,如化学合成反应、材料制备等。

(2)燃烧分析。可以使用高压氧气火焰或其他燃烧仪器进行燃烧分析,如含碳物质燃烧分析、元素分析等。

(3)样品分析。可以使用火焰原子吸收光谱仪等仪器进行样品分析,如金属离子浓度的测定等。

(4)干燥处理。可以使用电热干燥箱、真空干燥箱等设备进行干燥处理,如样品干燥、材料干燥等。

二、机械损伤基础知识

实验室机械损伤是指在试验过程中,由于机械原因引起设备或工件部分或全部破坏的现象。机械损伤是实验室安全问题的重要组成部分,掌握实验室机械损伤基础知识,可以有效降低试验安全事故的发生率,提高试验工作效率。

(一)机械损伤类型与原因

机械损伤主要包括以下几种类型:

(1)拉伸断裂。材料在受到拉力作用下出现破裂现象,多见于金属材料的试验过程中。

(2)压缩破坏。材料在受到压力作用下出现破坏现象,如混凝土的抗压强度试验。

(3)弯曲破坏。材料在受到弯曲作用下出现破坏现象,如钢筋的弯曲试验。

（4）剪切破坏。材料在受到剪切力作用下出现破坏现象，如钢板的剪切试验。

机械损伤的原因主要包括以下几种：

（1）机械结构设计问题。试验设备的结构设计不合理，导致试验过程中出现失控破坏。

（2）试验参数设置问题。试验参数设置不当，如负荷、速度等过大或过小，超出了试验设备的承受范围，导致破坏。

（3）试件准备问题。试件的制备不规范或存在缺陷，如材料不均匀、表面有裂纹等，容易在试验过程中发生破坏。

（4）操作问题。人员在试验过程中操作不规范，如未按要求使用保护装置、试验过程中干预设备等，容易引起破坏。

（二）机械损伤防范措施

为了有效避免实验室机械损伤事故的发生，可以采取以下防范措施：

（1）加强设备维护。定期对试验设备进行检查和维护，确保设备运行正常，避免由于设备老化或故障导致事故发生。

（2）保证试验参数正确设置。根据试验要求合理设置试验参数，避免过大或过小的试验参数导致设备失控，从而引起破坏。

（3）认真准备试件。对试件进行认真的制备过程中，在保证试件质量的同时，避免试件表面存在缺陷或裂纹等问题。

（4）注意操作规范。在试验过程中，严格按照标准操作流程进行操作，不随意干预试验设备，确保试验安全。

（5）完善安全保护体系。建立完善的安全保护体系，如装置安全保护、紧急停车装置等，防范机械损伤事故的发生。

（三）机械损伤应急措施

即使采取了相应的防范措施，仍有可能发生机械损伤事故。在机械损伤事故发生后，需要采取以下应急措施：

（1）立即停止试验。一旦发现试验设备出现异常情况，立即停止试验并切断电源，避免继续扩大事故范围。

（2）组织救援。立即通知救援人员前来处置，同时对现场进行有效的封锁和警示，确保安全救援。

（3）记录现场情况。对现场情况进行详细记录和拍照，包括事故发生时间、地点、机械损伤类型、受伤人员情况等。

（4）调查原因。对机械损伤事故的原因进行调查，找出事故根源，及时进行整改和防范措施，避免类似事件再次发生。

三、消防安全基础知识

实验室是进行科学研究和实验的重要场所，由于实验涉及易燃易爆物品、高温高压、电气设备等诸多因素，因此，实验室消防安全成为实验室日常管理中至关重要的一环。下面简要介绍实验室消防安全基础知识、实验室消防设备配置、消防应急预案编制、消防演习等相关知识。

1. 实验室消防安全基础知识

(1)实验室消防安全法律法规:建立健全消防安全管理体系是保障实验室消防安全的根本。根据《中华人民共和国消防法》的规定,在实验室内必须配备相应的消防器材,并对使用人员进行消防知识培训,确保实验室的消防安全达到标准。

(2)应急疏散通道:实验室内应当设置清晰明确的应急疏散通道,以便在发生火灾或其他危险情况时,人员能够迅速疏散并逃生,减少人员和财产损失。

(3)火灾危险区域:实验室内的火灾危险区域包括易燃易爆、有毒、腐蚀等区域。在这些区域内必须严格遵守防火、防爆、防毒等安全措施,防止火灾事故的发生。

(4)易燃物品存放:在实验室中使用易燃物品时,应当存放于专门的柜子或容器中,并定期检查是否存在泄漏、破损等情况,以确保实验室的消防安全。

(5)电气设备:实验室内的电气设备应当定期进行维护、检修,确保其正常运行。同时,在使用电气设备时,要注意防止漏电、短路等情况的发生,以免引发火灾事故。

2. 实验室消防设备配置

(1)消防器材:实验室内应配备常规灭火器、消防栓、灭火器车、消防水枪、灭火毯等消防器材,以满足不同火灾场景下的需求。

(2)自动消防设备:自动消防设备包括火灾报警器、自动喷水灭火系统、烟雾探测器等。这些设备能够在火灾发生时及时发出警报并采取适当的措施,保障实验室内人员和设备的安全。

(3)安全门窗:实验室内设置安全门窗,可以有效地防止火灾蔓延,并且在紧急情况下保证人员的安全疏散。

3. 消防应急预案编制

(1)队伍组建:制定完善的消防应急预案,需要组建专业队伍,对自身素质和技能进行提升,确保在火灾事故发生时能够作出正确的判断和处理。

(2)应急预案制定:应急预案应涵盖火灾报警、疏散、灭火、救援、排烟等方面。预案中应注明不同火灾场景下的处理方法和步骤,并加以演练,提高员工的应急响应能力。

(3)消防知识培训:对实验室人员进行消防知识的培训,使其了解基本的消防安全知识,提高对火灾的预防和应急处理能力。

4. 消防演习

(1)消防演习目的:消防演习是检验实验室消防安全工作是否到位的重要手段。通过模拟不同的火灾场景,检验应急预案的可行性,同时也可以提高员工的消防安全意识和应急处理能力。

(2)演习周期:消防演习应当定期进行,通常每年至少进行一次。演习前需要制定详细的方案,并根据实际情况进行调整和完善。

(3)演习内容:消防演习内容应根据实验室内的具体情况进行制定,包括火灾报警、疏散、灭火、救援等环节,以达到检验应急预案的目的。

四、应急知识

实验室是科学研究、工程设计、生产制造等领域中不可或缺的重要场所,但同时也存在一些安全隐患。在日常操作中,如果出现意外事故,就需要快速、有效地应对和处理,以防止事态的进一步恶化。下面简要介绍实验室的应急知识。

(一) 实验室应急预案

实验室应急预案是指建立一套针对实验室内可能发生的各种突发事件的预先规定程序,以确保实验过程中的安全和稳定进行。应急预案应根据实验室的特点和实际情况而制定,包括以下几个方面:

(1)事件分类。根据事件性质和危害程度,将可能发生的突发事件分为火灾、泄漏、爆炸、意外伤害等类别。

(2)应急程序。制定针对每种事件的应急预案和操作程序,如火灾时的紧急报警、人员疏散、灭火等措施。

(3)应急设备。配备必要的应急设备,包括消防器材、急救箱、通风设备、气体检测仪等。

(4)应急演练。定期进行应急演练,提高工作人员的应急处理能力和反应速度。

(二) 常见突发事件的应急处理方法

1. 火灾

当实验室出现火灾时,必须立即采取措施控制火源,并根据火势大小和所在位置选择不同的灭火方式。如果无法控制火源或者火势太大,应立即报警并疏散人员,等待消防队员前来扑灭火源。在灭火过程中,必须注意安全,避免烟雾、毒气等有害物质对人员产生伤害。

2. 化学物品泄漏

当实验室出现化学物品泄漏时,必须立即采取措施防止泄漏物质进一步扩散,并通知专业人员进行清理。如果泄漏涉及有毒、易燃、易爆等物质,应立即停止实验操作,疏散人员,并密切关注泄漏物质的浓度和扩散范围。

3. 气体泄漏

当实验室出现气体泄漏时,必须立即关闭气源,并通风换气,以避免有毒气体对人员的伤害。如果涉及有毒、易燃、易爆等有毒气体,应立即采取措施疏散人员,并通知专业人员进行处理。

4. 意外伤害

当实验室出现意外伤害时,必须立即停止试验操作,进行急救处理,并安排医疗救护车前来治疗。在急救过程中,必须注意保护伤者的生命安全,确保及时有效地进行救治。

(三) 实验室的日常安全管理

为了减少突发事件的发生,实验室的日常安全管理非常重要。以下是一些常见的日常安

全管理措施:

(1)做好实验室内环境的维护和清洁工作,保持干燥、通风、无尘等条件。

(2)对于高危化学品和易燃、易爆物品,应单独存放并设置标识,严格控制使用和操作。

(3)在使用明火和高温设备时,必须加强安全检查和防范措施,并严格控制操作人员数量。

(4)对实验室工作人员进行安全培训,并制定相关的安全操作规程和标准流程。

练习题

1.[单选]某沥青软化点试验测试值为:48.2℃、48.7℃,结果准确至0.5℃。则该沥青软化点试验结果为(   )。

A.48.45℃　　　　　　　B.48.5℃　　　　　　　C.48.4℃　　　　　　　D.48.6℃

【答案】B

2.[单选]以下说法不正确的是(   )。

A.化学品储存前应标识清楚,分类存放,并按照相关要求进行分类编号,方便管理

B.开展危险化学品试验时,人员应佩戴防护口罩过滤有毒有害气体,对毒性较强的气体应佩戴防护服、防护口罩、防护眼罩

C.不同性质和性质相近的化学品可以放在同一个储藏柜中,只要分开摆放、标识清楚即可

D.化学品储存区域内不得使用明火进行任何操作

【答案】C

3.[判断]我国实行法定计量单位,以国际单位制为基础,包括国际单位制的所有计量单位和国家选定的其他计量单位。(   )

【答案】✓

4.[判断]当确认仪器设备的检定/校准证书结果是否符合预期使用要求时,确认依据是仪器设备的检定规程或校准规范。(   )

【答案】×

5.[判断]手持式电动工具及其用电安全装置符合相应的国家现行有关强制性标准的规定,且具有产品合格证和使用说明书,并定期检查和维修保养。(   )

【答案】✓

6.[多选]接收和领取样品时,应对样品的符合性进行确认,确认内容包括样品、配件和资料的(   )。

A.数量　　　　　　　　　　　　B.质量

C.完整性　　　　　　　　　　　D.与规范要求的符合性

【答案】ABCD

7.[多选]随机抽样方法包括(   )。

A.随机抽样　　　B.系统抽样　　　C.整群抽样　　　D.分层抽样

【答案】ABCD

8. [多选]期间核查的重点测量设备有(   )。

A. 体积较大的

B. 使用非常频繁的

C. 经常携带到现场检测的

D. 曾经过载或怀疑有质量问题的

E. 因设备使用频率较低,校准周期长于校准规范规定时间的

【答案】BCDE

附录一 《公路水运工程质量检测管理办法》修订变化

《公路水运工程质量检测管理办法》修订变化 　　　　　　附表 1-1

《公路水运工程质量检测管理办法》 (交通运输部令 2023 年第 9 号)	《公路水运工程试验检测管理办法》 (交通运输部令 2019 年第 38 号)
第一章　总则	第一章　总则
第一条　为了加强公路水运工程质量检测管理,保证公路水运工程质量及人民生命和财产安全,根据《建设工程质量管理条例》,制定本办法。	**第一条**　为规范公路水运工程试验检测活动,保证公路水运工程质量及人民生命和财产安全,根据《建设工程质量管理条例》,制定本办法。
第二条　公路水运工程质量检测机构、质量检测活动及监督管理,适用本办法。	**第二条**　从事公路水运工程试验检测活动,应当遵守本办法。
第三条　本办法所称公路水运工程质量检测,是指按照本办法规定取得公路水运工程质量检测机构资质的公路水运工程质量检测机构(以下简称检测机构),根据国家有关法律、法规的规定,依据相关技术标准、规范、规程,对公路水运工程所用材料、构件、工程制品、工程实体等进行的质量检测活动。	**第三条**　本办法所称公路水运工程试验检测,是指根据国家有关法律、法规的规定,依据工程建设技术标准、规范、规程,对公路水运工程所用材料、构件、工程制品、工程实体的质量和技术指标等进行的试验检测活动。 本办法所称公路水运工程试验检测机构(以下简称检测机构),是指承担公路水运工程试验检测业务并对试验检测结果承担责任的机构。 本办法所称公路水运工程试验检测人员(以下简称检测人员),是指具备相应公路水运工程试验检测知识、能力,并承担相应公路水运工程试验检测业务的专业技术人员。
第四条　公路水运工程质量检测活动应当遵循科学、客观、严谨、公正的原则。	**第四条**　公路水运工程试验检测活动应当遵循科学、客观、严谨、公正的原则。
第五条　交通运输部负责全国公路水运工程质量检测活动的监督管理。 县级以上地方人民政府交通运输主管部门按照职责负责本行政区域内的公路水运工程质量检测活动的监督管理。	**第五条**　交通运输部负责公路水运工程试验检测活动的统一监督管理。交通运输部工程质量监督机构(以下简称部质量监督机构)具体实施公路水运工程试验检测活动的监督管理。 省级人民政府交通运输主管部门负责本行政区域内公路水运工程试验检测活动的监督管理。省级交通质量监督机构(以下简称省级交通质监机构)具体实施本行政区域内公路水运工程试验检测活动的监督管理。 部质量监督机构和省级交通质监机构以下称质监机构。
第二章　检测机构资质管理	第二章　检测机构等级评定
第六条　检测机构从事公路水运工程质量检测(以下简称质量检测)活动,应当按照资质等级对应的许可范围承担相应的质量检测业务。	

续上表

《公路水运工程质量检测管理办法》 （交通运输部令 2023 年第 9 号）	《公路水运工程试验检测管理办法》 （交通运输部令 2019 年第 38 号）
	第六条 检测机构等级，是依据检测机构的公路水运工程试验检测水平、主要试验检测仪器设备及检测人员的配备情况、试验检测环境等基本条件对检测机构进行的能力划分。
第七条 检测机构资质分为公路工程和水运工程专业。 公路工程专业设甲级、乙级、丙级资质和交通工程专项、桥梁隧道工程专项资质。 水运工程专业分为材料类和结构类。水运工程材料类设甲级、乙级、丙级资质。水运工程结构类设甲级、乙级资质。	检测机构等级，分为公路工程和水运工程专业。公路工程专业分为综合类和专项类。公路工程综合类设甲、乙、丙 3 个等级。公路工程专项类分为交通工程和桥梁隧道工程。 水运工程专业分为材料类和结构类。水运工程材料类设甲、乙、丙 3 个等级。水运工程结构类设甲、乙 2 个等级。 检测机构等级标准由部质量监督机构另行制定。
第八条 申请公路工程甲级、交通工程专项，水运工程材料类甲级、结构类甲级检测机构资质的，应当按照本办法规定向交通运输部提交申请。 申请公路工程乙级和丙级、桥梁隧道工程专项，水运工程材料类乙级和丙级、结构类乙级检测机构资质的，应当按照本办法规定向注册地的省级人民政府交通运输主管部门提交申请。	**第七条** 部质量监督机构负责公路工程综合类甲级、公路工程专项类和水运工程材料类及结构类甲级的等级评定工作。 省级交通质监机构负责公路工程综合类乙、丙级和水运工程材料类乙、丙级、水运工程结构类乙级的等级评定工作。
第九条 申请检测机构资质的检测机构（以下简称申请人）应当具备以下条件： （一）依法成立的法人； （二）具有一定数量的具备公路水运工程试验检测专业技术能力的人员（以下简称检测人员）； （三）拥有与申请资质相适应的质量检测仪器设备和设施； （四）具备固定的质量检测场所，且环境条件满足质量检测要求； （五）具有有效运行的质量保证体系。	
第十条 申请人可以同时申请不同专业、不同等级的检测机构资质。	**第八条** 检测机构可以同时申请不同专业、不同类别的等级。 检测机构被评为丙级、乙级后须满 1 年且具有相应的试验检测业绩方可申报上一等级的评定。
第十一条 申请人应当按照本办法规定向许可机关提交以下申请材料： （一）检测机构资质申请书； （二）检测人员、仪器设备和设施、质量检测场所证明材料； （三）质量保证体系文件。 申请人应当通过公路水运工程质量检测管理信息系统提交申请材料，并对其申请材料实质内容的真实性负责。许可机关不得要求申请人提交与其申请资质无关的技术资料和其他材料。	**第九条** 申请公路水运工程试验检测机构等级评定，应向所在地省级交通质监机构提交以下材料： （一）《公路水运工程试验检测机构等级评定申请书》； （二）质量保证体系文件。

续上表

《公路水运工程质量检测管理办法》 （交通运输部令 2023 年第 9 号）	《公路水运工程试验检测管理办法》 （交通运输部令 2019 年第 38 号）
	第十条　公路水运工程试验检测机构等级评定工作分为受理、初审、现场评审 3 个阶段。
	第十一条　省级交通质监机构认为所提交的申请材料齐备、规范、符合规定要求的,应当予以受理;材料不符合规定要求的,应当及时退还申请人,并说明理由。 　　所申请的等级属于部质量监督机构评定范围的,省级交通质监机构核查后出具核查意见并转送部质量监督机构。
第十二条　许可机关受理申请后,应当组织开展专家技术评审。 　　专家技术评审由技术评审专家组（以下简称专家组）承担,实行专家组组长负责制。 　　参与评审的专家应当由许可机关从其建立的质量检测专家库中随机抽取,并符合回避要求。 　　专家应当客观、独立、公正开展评审,保守申请人商业秘密。	
第十三条　专家技术评审包括书面审查和现场核查两个阶段,所用时间不计算在行政许可期限内,但许可机关应当将专家技术评审时间安排书面告知申请人。专家技术评审的时间最长不得超过 60 个工作日。	
第十四条　专家技术评审应当对申请人提交的全部材料进行书面审查,并对实际状况与申请材料的符合性、申请人完成质量检测项目的实际能力、质量保证体系运行等情况进行现场核查。	**第十二条**　初审主要包括以下内容: 　　（一）试验检测水平、人员及检测环境等条件是否与所申请的等级标准相符; 　　（二）申报的试验检测项目范围及设备配备与所申请的等级是否相符; 　　（三）采用的试验检测标准、规范和规程是否合法有效; 　　（四）检定和校准是否按规定进行; 　　（五）质量保证体系是否具有可操作性; 　　（六）是否具有良好的试验检测业绩。
	第十三条　初审合格的进入现场评审阶段;初审认为有需要补正的,质监机构应当通知申请人予以补正直至合格;初审不合格的,质监机构应当及时退还申请材料,并说明理由。
	第十四条　现场评审是通过对申请人完成试验检测项目的实际能力,检测机构申报材料与实际状况的符合性、质量保证体系和运转等情况的全面核查。 　　现场评审所抽查的试验检测项目,原则上应当覆盖申请人所申请的试验检测各大项目。抽取的具体参数应当通过抽签方式确定。

续上表

《公路水运工程质量检测管理办法》 （交通运输部令 2023 年第 9 号）	《公路水运工程试验检测管理办法》 （交通运输部令 2019 年第 38 号）
	第十五条 现场评审由专家评审组进行。 专家评审组由质监机构组建，3 人以上单数组成（含 3 人）。评审专家从质监机构建立的试验检测专家库中选取，与申请人有利害关系的不得进入专家评审组。 专家评审组应当独立、公正地开展评审工作。专家评审组成员应当客观、公正地履行职责，遵守职业道德，并对所提出的评审意见承担个人责任。
第十五条 专家组应当在专家技术评审时限内向许可机关报送专家技术评审报告。 专家技术评审报告应当包括对申请人资质条件等事项的核查抽查情况和存在问题，是否存在实际状况与申请材料严重不符、伪造质量检测报告、出具虚假数据等严重违法违规问题，以及评审总体意见等。 许可机关可以将专家技术评审情况向社会公示。	**第十六条** 专家评审组应当向质监机构出具《现场评审报告》，主要内容包括： （一）现场考核评审意见； （二）公路水运工程试验检测机构等级评分表； （三）现场操作考核项目一览表； （四）两份典型试验检测报告。
第十六条 许可机关应当自受理申请之日起 20 个工作日内作出是否准予行政许可的决定。 许可机关准予行政许可的，应当向申请人颁发检测机构资质证书；不予行政许可的，应当作出书面决定并说明理由。	**第十七条** 质监机构依据《现场评审报告》及检测机构等级标准对申请人进行等级评定。 质监机构的评定结果，应当通过交通运输主管部门指定的报刊、信息网络等媒体向社会公示，公示期不得少于 7 天。 公示期内，任何单位和个人有权就评定结果向质监机构提出异议，质监机构应当及时受理，核实和处理。 公示期满无异议或者经核实异议不成立的，由质监机构根据评定结果向申请人颁发《公路水运工程试验检测机构等级证书》（以下简称《等级证书》）；经核实异议成立的，应当书面通知申请人，并说明理由，同时应当为异议人保密。 省级交通质监机构颁发证书的同时应当报部质量监督机构备案。
第十七条 检测机构资质证书由正本和副本组成。 正本上应当注明机构名称，发证机关，资质专业、类别、等级，发证日期，有效期，证书编号，检测资质标识等；副本上还应当注明注册地址、检测场所地址、机构性质、法定代表人，行政负责人、技术负责人、质量负责人、检测项目及参数，资质延续记录、变更记录等。 检测机构资质证书分为纸质证书和电子证书。纸质证书与电子证书全国通用，具有同等效力。	**第十八条** 《公路水运工程试验检测机构等级评定申请书》和《等级证书》由部质量监督机构统一规定格式。 《等级证书》应当注明检测机构从事公路水运工程试验检测的专业、类别、等级和项目范围。
第十八条 检测机构资质证书有效期为 5 年。 有效期满拟继续从事质量检测业务的，检测机构应当提前 90 个工作日向许可机关提出资质延续申请。	**第十九条** 《等级证书》有效期为 5 年。 《等级证书》期满后拟继续开展公路水运工程试验检测业务的，检测机构应提前 3 个月向原发证机构提出换证申请。

续上表

《公路水运工程质量检测管理办法》 （交通运输部令 2023 年第 9 号）	《公路水运工程试验检测管理办法》 （交通运输部令 2019 年第 38 号）
第十九条 申请人申请资质延续审批的，应当符合第九条规定的条件。	**第二十条** 换证的申请、复核程序按照本办法规定的等级评定程序进行，并可以适当简化。在申请等级评定时已经提交过且未发生变化的材料可以不再重复提交。
第二十条 申请人应当按照本办法第十一条规定，提交资质延续审批申请材料。	
第二十一条 许可机关应当对申请资质延续审批的申请人进行专家技术评审，并在检测机构资质证书有效期满前，作出是否准予延续的决定。 符合资质条件的，许可机关准予检测机构资质证书延续 5 年。	
第二十二条 资质延续审批中的专家技术评审以专家组书面审查为主，但申请人存在本办法第四十八条第三项、第五十二条、第五十三条第五项和第五十五条规定的违法行为，以及许可机关认为需要核查的情形，应当进行现场核查。	**第二十一条** 换证复核以书面审查为主。必要时，可以组织专家进行现场评审。 换证复核的重点是核查检测机构人员、仪器设备、试验检测项目、场所的变动情况，试验检测工作的开展情况，质量保证体系文件的执行情况，违规与投诉情况等。
	第二十二条 换证复核合格的，予以换发新的《等级证书》。不合格的，质监机构应当责令其在 6 个月内进行整改，整改期内不得承担质量评定和工程验收的试验检测业务。整改期满仍不能达到规定条件的，质监机构根据实际达到的试验检测能力条件重新作出评定，或者注销《等级证书》。 换证复核结果应当向社会公布。
第二十三条 检测机构的名称、注册地址、检测场所地址、法定代表人、行政负责人、技术负责人和质量负责人等事项发生变更的，检测机构应当在完成变更后 10 个工作日内向原许可机关申请变更。 发生检测场所地址变更的，许可机关应当选派 2 名以上专家进行现场核查，并在 15 个工作日内办理完毕；其他变更事项许可机关应当在 5 个工作日内办理完毕。 检测机构发生合并、分立、重组、改制等情形的，应当按照本办法的规定重新提交资质申请。	**第二十三条** 检测机构名称、地址、法定代表人或者机构负责人、技术负责人等发生变更的，应当自变更之日起 30 日内到原发证质监机构办理变更登记手续。
第二十四条 检测机构需要终止经营的，应当在终止经营之日 15 日前告知许可机关，并按照规定办理有关注销手续。	**第二十四条** 检测机构停业时，应当自停业之日起 15 日内向原发证质监机构办理《等级证书》注销手续。
第二十五条 许可机关开展检测机构资质行政许可和专家技术评审不得收费。	**第二十五条** 等级评定不得收费，有关具体事务性工作可以通过政府购买服务等方式实施。

续上表

《公路水运工程质量检测管理办法》 （交通运输部令 2023 年第 9 号）	《公路水运工程试验检测管理办法》 （交通运输部令 2019 年第 38 号）
第二十六条　检测机构资质证书遗失或者污损的，可以向许可机关申请补发。	**第二十六条**　《等级证书》遗失或者污损的，可以向原发证质监机构申请补发。
	第二十七条　任何单位和个人不得伪造、涂改、转让、租借《等级证书》。
第三章　检测活动管理	第三章　试验检测活动
	第二十八条　取得《等级证书》，同时按照《计量法》的要求经过计量行政部门考核合格的检测机构，可在《等级证书》注明的项目范围内，向社会提供试验检测服务。
第二十七条　取得资质的检测机构应当根据需要设立公路水运工程质量检测工地试验室（以下简称工地试验室）。 　工地试验室是检测机构设置在公路水运工程施工现场，提供设备、派驻人员，承担相应质量检测业务的临时工作场所。 　负有工程建设项目质量监督管理责任的交通运输主管部门应当对工地试验室进行监督管理。	**第二十九条**　取得《等级证书》的检测机构，可设立工地临时试验室，承担相应公路水运工程的试验检测业务，并对其试验检测结果承担责任。 　工程所在地省级交通质监机构应当对工地临时试验室进行监督。
第二十八条　检测机构和检测人员应当独立开展检测工作，不受任何干扰和影响，保证检测数据客观、公正、准确。	**第三十条**　检测机构应当严格按照现行有效的国家和行业标准、规范和规程独立开展检测工作，不受任何干扰和影响，保证试验检测数据客观、公正、准确。
第二十九条　检测机构应当保证质量保证体系有效运行。 　检测机构应当按照有关规定对仪器设备进行正常维护，定期检定与校准。	**第三十一条**　检测机构应当建立严密、完善、运行有效的质量保证体系。应当按照有关规定对仪器设备进行正常维护，定期检定与校准。
第三十条　检测机构应当建立样品管理制度，提倡盲样管理。	**第三十二条**　检测机构应当建立样品管理制度，提倡盲样管理。
第三十一条　检测机构应当建立健全档案制度，原始记录和质量检测报告内容必须清晰、完整、规范，保证档案齐备和检测数据可追溯。	
第三十二条　检测机构应当重视科技进步，及时更新质量检测仪器设备和设施。 　检测机构应当加强公路水运工程质量检测信息化建设，不断提升质量检测信息化水平。	**第三十三条**　检测机构应当重视科技进步，及时更新试验检测仪器设备，不断提高业务水平。
	第三十四条　检测机构应当建立健全档案制度，保证档案齐备，原始记录和试验检测报告内容必须清晰、完整、规范。

《公路水运工程质量检测管理办法》 (交通运输部令 2023 年第 9 号)	《公路水运工程试验检测管理办法》 (交通运输部令 2019 年第 38 号)
第三十三条 检测机构出具的质量检测报告应当符合规范要求,包括检测项目、参数数量(批次)、检测依据、检测场所地址、检测数据、检测结果等相关信息。 检测机构不得出具虚假检测报告,不得篡改或者伪造检测报告。	
第三十四条 检测机构在同一公路水运工程项目标段中不得同时接受建设、监理、施工等多方的质量检测委托。	**第三十五条** 检测机构在同一公路水运工程项目标段中不得同时接受业主、监理、施工等多方的试验检测委托。
第三十五条 检测机构依据合同承担公路水运工程质量检测业务,不得转包、违规分包。	**第三十六条** 检测机构依据合同承担公路水运工程试验检测业务,不得转包、违规分包。
第三十六条 在检测过程中发现检测项目不合格且涉及工程主体结构安全的,检测机构应当及时向负有工程建设项目质量监督管理责任的交通运输主管部门报告。	
第三十七条 检测机构的技术负责人和质量负责人应当由公路水运工程试验检测师担任。 质量检测报告应当由公路水运工程试验检测师审核、签发。	**第三十七条** 检测人员分为试验检测师和助理试验检测师。 检测机构的技术负责人应当由试验检测师担任。 试验检测报告应当由试验检测师审核、签发。
第三十八条 检测机构应当加强检测人员培训,不断提高质量检测业务水平。	**第三十八条** 检测人员应当重视知识更新,不断提高试验检测业务水平。
	第三十九条 检测人员应当严守职业道德和工作程序,独立开展检测工作,保证试验检测数据科学、客观、公正,并对试验检测结果承担法律责任。
第三十九条 检测人员不得同时在两家或者两家以上检测机构从事检测活动,不得借工作之便推销建设材料、构配件和设备。	**第四十条** 检测人员不得同时受聘于两家以上检测机构,不得借工作之便推销建设材料、构配件和设备。
第四十条 检测机构资质证书不得转让、出租。	
第四章　监督管理	第四章　监督检查
第四十一条 县级以上人民政府交通运输主管部门(以下简称交通运输主管部门)应当加强对质量检测工作的监督检查,及时纠正、查处违反本办法的行为。	**第四十一条** 质监机构应当建立健全公路水运工程试验检测活动监督检查制度,对检测机构进行定期或不定期的监督检查,及时纠正、查处违反本规定的行为。

续上表

《公路水运工程质量检测管理办法》 （交通运输部令 2023 年第 9 号）	《公路水运工程试验检测管理办法》 （交通运输部令 2019 年第 38 号）
第四十二条 交通运输主管部门开展监督检查工作，主要包括下列内容： （一）检测机构资质证书使用的规范性，有无转包、违规分包、超许可范围承揽业务、涂改和租借资质证书等行为； （二）检测机构能力的符合性，工地试验室设立和施工现场检测情况； （三）原始记录、质量检测报告的真实性、规范性和完整性； （四）采用的技术标准、规范和规程是否合法有效，样品的管理是否符合要求； （五）仪器设备的运行、检定和校准情况； （六）质量保证体系运行的有效性； （七）检测机构和检测人员质量检测活动的规范性、合法性和真实性； （八）依据职责应当监督检查的其他内容。	**第四十二条** 公路水运工程试验检测监督检查，主要包括下列内容： （一）《等级证书》使用的规范性，有无转包、违规分包、超范围承揽业务和涂改、租借《等级证书》的行为； （二）检测机构能力变化与评定的能力等级的符合性； （三）原始记录、试验检测报告的真实性、规范性和完整性； （四）采用的技术标准、规范和规程是否合法有效，样品的管理是否符合要求； （五）仪器设备的运行、检定和校准情况； （六）质量保证体系运行的有效性； （七）检测机构和检测人员试验检测活动的规范性、合法性和真实性； （八）依据职责应当监督检查的其他内容。
第四十三条 交通运输主管部门实施监督检查时，有权采取以下措施： （一）要求被检查的检测机构或者有关单位提供相关文件和资料； （二）查阅、记录、录音、录像、照相和复制与检查相关的事项和资料； （三）进入检测机构的检测工作场地进行抽查； （四）发现有不符合有关标准、规范、规程和本办法的质量检测行为，责令立即改正或者限期整改。 检测机构应当予以配合，如实说明情况和提供相关资料。	**第四十三条** 质监机构实施监督检查时，有权采取以下措施： （一）查阅、记录、录音、录像、照相和复制与检查相关的事项和资料； （二）进入检测机构的工作场地（包括施工现场）进行抽查； （三）发现有不符合国家有关标准、规范、规程和本办法规定的试验检测行为时，责令即时改正或限期整改。
第四十四条 交通运输部、省级人民政府交通运输主管部门应当组织比对试验，验证检测机构的能力，比对试验情况录入公路水运工程质量检测管理信息系统。 检测机构应当按照前款规定参加比对试验并按照要求提供相关资料。	**第四十四条** 质监机构应当组织比对试验，验证检测机构的能力。 部质量监督机构不定期开展全国检测机构的比对试验。各省级交通质监机构每年年初应当制定本行政区域检测机构年度比对试验计划，报部质量监督机构备案，并于年末将比对试验的实施情况报部质量监督机构。 检测机构应当予以配合，如实说明情况和提供相关资料。
第四十五条 任何单位和个人都有权向交通运输主管部门投诉或者举报违法违规的质量检测行为。 交通运输主管部门收到投诉或者举报后，应当及时核实处理。	**第四十五条** 任何单位和个人都有权向质监机构投诉或举报违法违规的试验检测行为。 质监机构的监督检查活动，应当接受交通运输主管部门和社会公众的监督。

续上表

《公路水运工程质量检测管理办法》 （交通运输部令 2023 年第 9 号）	《公路水运工程试验检测管理办法》 （交通运输部令 2019 年第 38 号）
第四十六条 交通运输部建立健全质量检测信用管理制度。 质量检测信用管理实行统一领导,分级负责。各级交通运输主管部门依据职责定期对检测机构和检测人员的从业行为开展信用管理,并向社会公开。	
第四十七条 检测机构取得资质后,不再符合相应资质条件的,许可机关应当责令其限期整改并向社会公开。检测机构完成整改后,应当向许可机关提出资质重新核定申请。	**第四十六条** 质监机构在监督检查中发现检测机构有违反本规定行为的,应当予以警告、限期整改,情节严重的列入违规记录并予以公示,质监机构不再委托其承担检测业务。 实际能力已达不到《等级证书》能力等级的检测机构,质监机构应当给予整改期限。整改期满仍达不到规定条件的,质监机构应当视情况注销《等级证书》或者重新评定检测机构等级。重新评定的等级低于原来评定等级的,检测机构 1 年内不得申报升级。被注销等级的检测机构,2 年内不得再次申报。 质监机构应当及时向社会公布监督检查的结果。
	第四十七条 质监机构在监督检查中发现检测人员违反本办法的规定,出具虚假试验检测数据或报告的,应当给予警告,情节严重的列入违规记录并予以公示。
	第四十八条 质监机构工作人员在试验检测管理活动中,玩忽职守、徇私舞弊、滥用职权的,应当依法给予行政处分。
第五章 法律责任	
第四十八条 检测机构违反本办法规定,有下列行为之一的,其检测报告无效,由交通运输主管部门处 1 万元以上 3 万元以下罚款;造成危害后果的,处 3 万元以上 10 万元以下罚款;构成犯罪的,依法追究刑事责任: （一)未取得相应资质从事质量检测活动的; （二)资质证书已过有效期从事质量检测活动的; （三)超出资质许可范围从事质量检测活动的。	
第四十九条 检测机构隐瞒有关情况或者提供虚假材料申请资质的,许可机关不予受理或者不予行政许可,并给予警告;检测机构 1 年内不得再次申请该资质。	
第五十条 检测机构以欺骗、贿赂等不正当手段取得资质证书的,由许可机关予以撤销;检测机构 3 年内不得再次申请该资质;构成犯罪的,依法追究刑事责任。	

续上表

《公路水运工程质量检测管理办法》 （交通运输部令 2023 年第 9 号）	《公路水运工程试验检测管理办法》 （交通运输部令 2019 年第 38 号）
第五十一条　检测机构未按照本办法第二十三条规定申请变更的，由交通运输主管部门责令限期办理；逾期未办理的，给予警告或者通报批评。	
第五十二条　检测机构违反本办法规定，有下列行为之一的，由交通运输主管部门责令改正，处 1 万元以上 3 万元以下罚款；造成危害后果的，处 3 万元以上 10 万元以下罚款；构成犯罪的，依法追究刑事责任： （一）出具虚假检测报告，篡改、伪造检测报告的； （二）将检测业务转包、违规分包的。	
第五十三条　检测机构违反本办法规定，有下列行为之一的，由交通运输主管部门责令改正，处 5000 元以上 1 万元以下罚款： （一）质量保证体系未有效运行的，或者未按照有关规定对仪器设备进行正常维护的； （二）未按规定进行档案管理，造成检测数据无法追溯的； （三）在同一工程项目标段中同时接受建设、监理、施工等多方的质量检测委托的； （四）未按规定报告在检测过程中发现检测项目不合格且涉及工程主体结构安全的； （五）接受监督检查时不如实提供有关资料，或者拒绝、阻碍监督检查的。	
第五十四条　检测机构或者检测人员违反本办法规定，有下列行为之一的，由交通运输主管部门责令改正，给予警告或者通报批评： （一）未按规定进行样品管理的； （二）同时在两家或者两家以上检测机构从事检测活动的； （三）借工作之便推销建设材料、构配件和设备的； （四）不按照要求参加比对试验的。	
第五十五条　检测机构违反本办法规定，转让、出租检测机构资质证书的，由交通运输主管部门责令停止违法行为，收缴有关证件，处 5000 元以下罚款。	
第五十六条　交通运输主管部门工作人员在质量检测管理工作中，有下列情形之一的，依法给予处分；构成犯罪的，依法追究刑事责任： （一）对不符合法定条件的申请人颁发资质证书的； （二）对符合法定条件的申请人不予颁发资质证书的； （三）对符合法定条件的申请人未在法定期限内颁发资质证书的； （四）利用职务上的便利，索取、收受他人财物或者谋取其他利益的； （五）不依法履行监督职责或者监督不力，造成严重后果的。	

续上表

《公路水运工程质量检测管理办法》 (交通运输部令 2023 年第 9 号)	《公路水运工程试验检测管理办法》 (交通运输部令 2019 年第 38 号)
第六章　附则	第五章　附则
第五十七条　检测机构资质等级条件、专家技术评审工作程序由交通运输部另行制定。	
第五十八条　检测机构资质证书由许可机关按照交通运输部规定的统一格式制作。	
	第四十九条　本办法施行前检测机构通过的资质评审，期满复核时应当按照本办法的规定进行《等级证书》的评定。
第五十九条　本办法自 2023 年 10 月 1 日起施行。交通部 2005 年 10 月 19 日公布的《公路水运工程试验检测管理办法》(交通部令 2005 年第 12 号)，交通运输部 2016 年 12 月 10 日公布的《交通运输部关于修改〈公路水运工程试验检测管理办法〉的决定》(交通运输部令 2016 年第 80 号)，2019 年 11 月 28 日公布的《交通运输部关于修改〈公路水运工程试验检测管理办法〉的决定》(交通运输部令 2019 年第 38 号)同时废止。	**第五十条**　本办法自 2005 年 12 月 1 日起施行。交通部 1997 年 12 月 10 日公布的《水运工程试验检测暂行规定》(交基发〔1997〕803 号)和 2002 年 6 月 26 日公布的《交通部水运工程试验检测机构资质管理办法》(交通部令 2002 年第 4 号)同时废止。

附录二　公路水运工程质量检测机构资质等级条件

一、公路工程质量检测机构资质等级条件

人员配备要求（公路工程）　　　　　　　　　　　　　附表2-1

项目	甲级	乙级	丙级	交通工程专项	桥梁隧道工程专项
持试验检测人员证书总人数	**≥50人**	**≥23人**	**≥9人**	**≥28人**	**≥30人**
持试验检测师证书人数	**≥20人**	**≥8人**	**≥4人**	**≥13人**	**≥15人**
持试验检测师证书专业配置	道路工程≥10人 桥梁隧道工程≥7人 交通工程≥3人	道路工程≥6人 桥梁隧道工程≥2人	道路工程≥3人 桥梁隧道工程≥1人	交通工程≥13人	道路工程≥3人 桥梁隧道工程≥12人
相关专业高级职称（持试验检测师证书）人数及专业配置	**≥12人** 道路工程≥6人 桥梁隧道工程≥5人 交通工程≥1人	**≥3人** 道路工程≥2人 桥梁隧道工程≥1人	—	**≥8人** 交通工程≥8人	**≥8人** 道路工程≥1人 桥梁隧道工程≥7人
技术负责人	**1. 相关专业高级职称；** **2. 持试验检测师证书；** 3. 8年以上试验检测工作经历	**1. 相关专业高级职称；** **2. 持试验检测师证书；** 3. 5年以上试验检测工作经历	**1. 相关专业中级职称；** **2. 持试验检测师证书；** 3. 5年以上试验检测工作经历	**1. 相关专业高级职称；** **2. 持交通工程试验检测师证书；** 3. 8年以上试验检测工作经历	**1. 相关专业高级职称；** **2. 持桥梁隧道工程试验检测师证书；** 3. 8年以上试验检测工作经历
质量负责人	**1. 相关专业高级职称；** **2. 持试验检测师证书；** 3. 8年以上试验检测工作经历	**1. 相关专业高级职称；** **2. 持试验检测师证书；** 3. 5年以上试验检测工作经历	**1. 相关专业中级职称；** **2. 持试验检测师证书；** 3. 5年以上试验检测工作经历	**1. 相关专业高级职称；** **2. 持试验检测师证书；** 3. 8年以上试验检测工作经历	**1. 相关专业高级职称；** **2. 持试验检测师证书；** 3. 8年以上试验检测工作经历

　　注：1. 表中黑体字为强制性要求，一项不满足视为不通过。非黑体字为非强制性要求，不满足按扣分处理。

　　　　2. 试验检测人员证书名称及专业遵循国家设立的公路水运工程试验检测专业技术人员职业资格制度相关规定。

质量检测能力基本要求及主要仪器设备（示例）　　　　　　附表2-2

序号	试验检测项目	主要试验检测参数	仪器设备配置
1	土	含水率,密度,比重,颗粒组成,界限含水率,天然稠度,击实试验(最大干密度、最佳含水率),承载比(**CBR**),粗粒土和巨粒土最大干密度,回弹模量,固结试验(压缩系数、压缩模量、压缩指数、固结系数),内摩擦角,凝聚力,自由膨胀率,烧失量,有机质含量,酸碱度,易溶盐总量,砂的相对密度	烘箱,天平,电子秤,环刀,储水筒,灌砂仪,比重瓶,恒温水槽,砂浴,标准筛,摇筛机,密度计,量筒,液塑限联合测定仪,收缩皿,标准击实仪,**CBR试验装置**(路面材料强度仪或其他荷载装置),表面振动压实仪(或振动台),脱模器,杠杆压力仪,千分表,承载板,固结仪,变形量测设备,应变控制式直剪仪(或三轴仪),百分表(或位移传感器),自由膨胀率测定仪,高温炉,油浴锅,酸度计,电动振荡器,水浴锅,瓷蒸发皿,相对密度仪
2	集料	(1)粗集料:颗粒级配,密度,吸水率,含水率,含泥量,泥块含量,针片状颗粒含量,坚固性,压碎值,洛杉矶磨耗损失,磨光值,碱活性,硫化物及硫酸盐含量,有机物含量,软弱颗粒含量,破碎砾石含量; (2)细集料:颗粒级配,密度,吸水率,含水率,含泥量,泥块含量,坚固性,压碎指标,砂当量,亚甲蓝值,氯化物含量,棱角性,碱活性,硫化物及硫酸盐含量,云母含量,轻物质含量,贝壳含量; (3)矿粉:颗粒级配,密度,含水率,亲水系数,塑性指数,加热安定性	标准筛,摇筛机,天平,电子秤,溢流水槽,容量瓶,容量筒,烘箱,针状规准仪、片状规准仪,游标卡尺,烧杯,量筒,压碎值试验仪,压力试验机,洛杉矶磨耗试验机,加速磨光试验机,摆式摩擦系数测定仪,饱和面干试模,标准漏斗,细集料压碎值试模,砂当量试验仪,钢板尺,李氏比重瓶,恒温水槽,液塑限联合测定仪,蒸发皿(或坩埚),测长仪,百分表,贮存箱(碱骨料试验箱),细集料流动时间测定仪(含秒表),叶轮搅拌器,滴定设备,高温炉,软弱颗粒测试装置,放大镜,比重计
3	岩石	单轴抗压强度,含水率,密度,毛体积密度,吸水率,抗冻性,坚固性	压力试验机,切石机,磨平机,游标卡尺,角尺,天平,烘箱,密度瓶,砂浴,恒温水浴,抽气设备,破碎研磨设备,煮沸水槽,低温试验箱,放大镜,密度计

注:1.所列的仪器设备功能、量程、准确性,以及配套设备设施均应符合所测参数现行依据标准的要求。
　　2.表中黑体字标注的参数和仪器设备为必须满足的要求,任意一项不满足视为不通过。
　　3.可选参数(非黑体)的申请数量应不低于本等级可选参数总量的60%。

质量检测环境要求（公路工程）　　　　　　附表2-3

项目	甲级	乙级	丙级	交通工程专项	桥梁隧道工程专项
试验检测用房使用面积(不含办公面积)(m²)	≥1300	≥700	≥400	≥900	≥900
	试验检测环境应满足所开展检测参数要求,布局合理、干净整洁				

注:此表内容为强制性要求。

二、水运工程质量检测机构资质等级条件

人员配备要求（水运工程） 附表2-4

项目	材料甲级	材料乙级	材料丙级	结构甲级	结构乙级
持试验检测人员证书总人数	≥26人	≥11人	≥7人	≥22人	≥9人
持试验检测师证书人数	≥10人	≥4人	≥2人	≥8人	≥3人
持试验检测师证书专业配置	水运材料≥10人	水运材料≥4人	水运材料≥2人	水运结构与地基≥8人	水运结构与地基≥3人
相关专业高级职称（持试验检测师证书）人数及专业配置	≥5人 水运材料≥5人	≥2人 水运材料≥2人	—	≥4人 水运结构与地基≥4人	≥1人 水运结构与地基≥1人
技术负责人	1.相关专业高级职称； 2.持水运材料试验检测师证书； 3.8年以上试验检测工作经历	1.相关专业高级职称； 2.持水运材料试验检测师证书； 3.5年以上试验检测工作经历	1.相关专业中级职称； 2.持水运材料试验检测师证书； 3.5年以上试验检测工作经历	1.相关专业高级职称； 2.持水运结构与地基试验检测师证书； 3.8年以上试验检测工作经历	1.相关专业高级职称； 2.持水运结构与地基试验检测师证书； 3.5年以上试验检测工作经历
质量负责人	1.相关专业高级职称； 2.持试验检测师证书； 3.8年以上试验检测工作经历	1.相关专业高级职称； 2.持试验检测师证书； 3.5年以上试验检测工作经历	1.相关专业中级职称； 2.持试验检测师证书； 3.5年以上试验检测工作经历	1.相关专业高级职称； 2.持试验检测师证书； 3.8年以上试验检测工作经历	1.相关专业高级职称； 2.持试验检测师证书； 3.5年以上试验检测工作经历

注：1.表中黑体字为强制性要求，一项不满足视为不通过。非黑体字为非强制性要求，不满足按扣分处理。
　　2.试验检测人员证书名称及专业遵循国家设立的公路水运工程试验检测专业技术人员职业资格制度相关规定。

质量检测环境要求（水运工程） 附表2-5

项目	材料甲级	材料乙级	材料丙级	结构甲级	结构乙级
试验检测用房使用面积（不含办公面积）(m²)	≥900	≥600	≥200	≥500	≥200
	试验检测环境应满足所开展检测参数要求，布局合理、干净整洁				

注：此表内容为强制性要求。

第二部分　专业知识

第一章　钢材与连接接头、钢筋焊接网

第一节　钢　　材

一、钢筋的主要种类

1.按钢筋制造工艺分类

钢筋按制造工艺不同可分为热轧钢筋和冷轧钢筋。热轧钢筋分为热轧光圆钢筋、热轧带肋钢筋、低碳钢热轧圆盘条,如图 2-1-1 所示。

 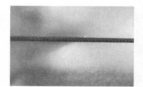  

a)热轧光圆钢筋　　　　b)热轧带肋钢筋　　　　c)冷轧带肋钢筋　　　　d)低碳钢热轧圆盘条

图 2-1-1　不同种类的钢筋

热轧钢筋是经热轧成型并自然冷却的成品钢筋,由低碳钢和普通合金钢在高温状态下压制而成。其屈服强度较低,塑性性能较好。

冷轧钢筋是把热轧钢筋再进行冷加工而得到的,如常温下对钢筋进行冷拉、拉拔,冷轧钢筋是热轧钢筋的一种延伸。其屈服强度较高,塑性性能较差。

低碳钢热轧圆盘条是指横截面为圆形,表面光滑,经热轧成型并自然冷却的成盘钢筋。通常在建筑工程中用作柱、梁钢筋笼的箍筋,还有部分用于制造螺栓螺杆等标准件和生产冷拉钢筋等。

2.按强度级别分类

热轧带肋钢筋按屈服强度特征值可分为 400 级、500 级、600 级三类;热轧光圆钢筋按屈服强度特征值分类只有 300 级一类;冷轧带肋钢筋按强度等级可分为 CRB550、CRB650、CRB800、CRB600H、CRB680H、CRB800H 六类;低碳钢热轧圆盘条按屈服强度特征值可分为 Q195、Q215、Q235、Q275 四类。

3.按在结构中的作用分类

按在结构中的作用不同,可将钢筋分为:

（1）受力筋——承受拉、压应力的钢筋；

（2）箍筋——承受一部分斜拉应力，并固定受力筋的位置，多用于梁和柱内；

（3）架立筋——用以固定梁内钢箍的位置，构成梁内的钢筋骨架；

（4）分布筋——用于屋面板、楼板内，与板的受力筋垂直布置，将承受的重量均匀地传给受力筋，并固定受力筋的位置，以及抵抗热胀冷缩所引起的温度变形；

（5）其他——因构件构造要求或施工安装需要而配置的构造筋，如腰筋、预埋锚固筋等。

4. 按在构件中的位置分类

（1）在板中时：面筋、底筋、中间筋。

（2）在梁中时：上部筋、下部筋、腰筋。

（3）在柱中时：角筋、边部纵筋、外侧箍筋、内侧箍筋。

（4）在墙中时：纵向受力筋、水平受力筋。

二、各类钢筋产品标准（现行）

热轧带肋钢筋：《钢筋混凝土用钢　第2部分：热轧带肋钢筋》（GB/T 1499.2—2018）。本标准规定了钢筋混凝土用热轧带肋钢筋的术语和定义，分类、牌号，订货内容，尺寸、外形、重量及允许偏差，技术要求，试验方法，检验规则，包装、标志和质量证明书等内容；本标准适用于钢筋混凝土用普通热轧带肋钢筋和细晶粒热轧带肋钢筋，不适用于由成品钢材再次轧制成的再生钢筋及余热处理钢筋。

热轧光圆钢筋：《钢筋混凝土用钢　第1部分：热轧光圆钢筋》（GB/T 1499.1—2017）。本标准规定了钢筋混凝土用热轧光圆钢筋的术语和定义，牌号，订货内容，尺寸、外形、重量及允许偏差，技术要求，试验方法，检验规则，包装、标志和质量证明书；本标准适用于钢筋混凝土用热轧直条、盘卷光圆钢筋，不适用于由成品钢材再次轧制成的再生钢筋。

冷轧带肋钢筋：《冷轧带肋钢筋》（GB/T 13788—2017）。本标准规定了冷轧带肋钢筋的术语和定义，分类，牌号，尺寸、外形、重量及允许偏差，技术要求，试验方法，检验规则，包装、标志和质量证明书；本标准适用于预应力混凝土和普通钢筋混凝土用冷轧带肋钢筋，也适用于制造焊接网用冷轧带肋钢筋。

低碳钢热轧圆盘条：《低碳钢热轧圆盘条》（GB/T 701—2008）。本标准规定了低碳钢热轧圆盘条的订货内容，尺寸、外形、重量及允许偏差，技术要求，试验方法，检验规则，包装、标志及质量证明书；本标准适用于供拉丝等深加工及其他一般用途的低碳钢热轧圆盘条，不适用于标准件用热轧碳素圆钢、焊接用钢盘条、冷镦钢、易切削结构钢和锚链用圆钢。

三、热轧带肋钢筋分类、牌号及交货检验规则

热轧带肋钢筋分为普通热轧带肋钢筋和细晶粒热轧带肋钢筋。普通热轧带肋钢筋表示方法为"HRB + 屈服强度特征值"或者"HRB + 屈服强度特征值 + E"，HRB 为英文 Hot rolled Ribbed Bars 的缩写，数字表示该钢筋的屈服强度特征值。细晶粒热轧带肋钢筋表示为"HRBF + 屈服强度特征值"或者"HRBF + 屈服强度特征值 + E"，HRBF 为英文 Hot rolled Ribbed Bars of

Fine grains 的缩写,数字表示该钢筋的屈服强度特征值。E 为"地震"的英文单词 Earthquake 的首位字母,表示该钢筋具有抗震性能要求,数字表示该钢筋的屈服强度特征值。

钢筋的交货检验适用于钢筋验收批的检验,检验组批规则为:

钢筋应按批进行检查和验收,每批由同一牌号、同一炉号、同一规格的钢筋组成。每批重量通常不大于 60t。超过 60t 的部分,每增加 40t(或不足 40t 的余数),增加一个拉伸试验试样和一个弯曲试验试样。

允许由同一牌号、同一冶炼方法、同一浇注方法的不同炉罐号组成混合批,但各炉罐号含碳量之差不大于 0.02%,含锰量之差不大于 0.15%。混合批的重量不大于 60t。检验项目和取样数量、试验方法见后文"八、各类钢筋的检验项目与取样规则"。

四、热轧光圆钢筋分类、牌号及交货检验规则

热轧光圆钢筋分为热轧直条、盘卷光圆钢筋两类。牌号由"HPB + 数字"组成,HPB 为英文 Hot rolled Plain Bars 的缩写,数字表示该钢筋的屈服强度特征值。

交货检验规则与热轧带肋钢筋一致。检验项目和取样数量、试验方法见后文"八、各类钢筋的检验项目与取样规则"。

五、冷轧带肋钢筋分类、牌号及交货检验规则

冷轧带肋钢筋按延性高低分为两类:冷轧带肋钢筋(CRB + 抗拉强度特征值)和高延性冷轧带肋钢筋(CRB + 抗拉强度特征值 + H)。C、R、B、H 分别为冷轧(Cold rolled)、带肋(Ribbed)、钢筋(Bar)、高延性(High elongation)四个英文单词首位字母。其中按其应用到混凝土的类型又分为普通钢筋混凝土用(CRB550、CRB600H)和预应力混凝土用(CRB650、CRB800、CRB800H)。CRB680H 既可作为普通钢筋混凝土用钢筋,也可作为预应力混凝土用钢筋。

冷轧带肋钢筋按冷加工状态交货,允许冷轧后进行低温回火处理。

冷轧带肋钢筋应按批进行检查和验收,每批应由同一牌号、同一外形、同一规格、同一生产工艺和同一交货状态的钢筋组成,每批不大于 60t。检验项目和取样数量、试验方法见后文"八、各类钢筋的检验项目与取样规则"。

六、低碳钢热轧圆盘条分类、牌号及交货检验规则

低碳钢热轧圆盘条的牌号有 Q195、Q215、Q235、Q275 四种。

低碳钢热轧圆盘条以热轧状态交货。

低碳钢热轧圆盘条的检验项目、试验方法、取样数量、取样规则见后文"八、各类钢筋的检验项目与取样规则"。

低碳钢热轧圆盘条应成批验收,每批由同一牌号、同一炉号、同一尺寸的盘条组成;盘条的复验与判定规则按《型钢验收、包装、标志及质量证明书的一般规定》(GB/T 2101—2017)的规定。

七、各类钢筋的主要力学性能和工艺性能

1. 热轧带肋钢筋

热轧带肋钢筋的力学性能指标主要包括下屈服强度 R_{eL}、抗拉强度 R_m、断后伸长率 A、最大力总延伸率 A_{gt} 等。热轧带肋钢筋力学性能技术要求见表2-1-1。

热轧带肋钢筋的力学性能技术要求   表2-1-1

牌号	下屈服强度 R_{eL}（MPa）	抗拉强度 R_m（MPa）	断后伸长率 A（%）	最大力总延伸率 A_{gt}（%）	R_m^0/R_{eL}^0	R_{eL}^0/R_{eL}
			不小于			不大于
HRB400	400	540	16	7.5	—	—
HRBF400						
HRB400E			—	9.0	1.25	1.30
HRBF400E						
HRB500	500	630	15	7.5	—	—
HRBF500						
HRB500E			—	9.0	1.25	1.30
HRBF500E						
HRB600	600	730	14	7.5	—	—

注：R_m^0 为钢筋实测抗拉强度；R_{eL}^0 为钢筋实测下屈服强度。

热轧带肋钢筋的工艺性能包括钢筋的弯曲和反向弯曲。热轧带肋钢筋进行弯曲试验（冷弯）的弯曲压头直径见表2-1-2。对牌号带 E 的钢筋还应进行反向弯曲试验，可用反向弯曲试验代替弯曲试验（冷弯），反向弯曲试验的弯曲压头直径比弯曲试验相应增加一个钢筋公称直径。按表2-1-2规定的弯曲压头直径弯曲180°后，钢筋受弯部位表面不得产生裂纹。

钢筋弯曲压头直径   表2-1-2

牌号	公称直径 d	弯曲压头直径
HRB400 HRBF400 HRB400E HRBF400E	6 ~ 25	$4d$
	28 ~ 40	$5d$
	>40 ~ 50	$6d$
HRB500 HRBF500 HRB500E HRBF500E	6 ~ 25	$6d$
	28 ~ 40	$7d$
	>40 ~ 50	$8d$
HRB600	6 ~ 25	$6d$
	28 ~ 40	$7d$
	>40 ~ 50	$8d$

2. 热轧光圆钢筋

热轧光圆钢筋的力学性能指标有下屈服强度 R_{eL}、抗拉强度 R_m、断后伸长率 A、最大力总

延伸率 A_{gt}；工艺性能为弯曲，热轧光圆钢筋应进行弯曲试验(冷弯)。力学性能和工艺性能技术要求见表2-1-3。

热轧光圆钢筋的力学性能技术要求　　　表2-1-3

牌号	下屈服强度 R_{eL}(MPa)	抗拉强度 R_m(MPa)	断后伸长率 A(%)	最大力总延伸率 A_{gt}(%)	冷弯试验180°
	不小于				
HPB300	300	420	25	10.0	$d = a$

注：d 为弯心直径；a 为钢筋公称直径。

3. 冷轧带肋钢筋

冷轧带肋钢筋的力学性能指标有规定塑性延伸强度 $R_{p0.2}$、抗拉强度 R_m、断后伸长率 A、最大力总延伸率 A_{gt}、抗拉强度与规定塑性延伸强度之比 $R_m/R_{p0.2}$；工艺性能指标为弯曲、反复弯曲等，其技术要求见表2-1-4。

冷轧带肋钢筋的力学性能和工艺性能技术要求　　　表2-1-4

分类	牌号	规定塑性延伸强度 $R_{p0.2}$(MPa)	抗拉强度 R_m(MPa)	抗拉强度与规定塑性延伸强度之比 $R_m/R_{p0.2}$	断后伸长率 A(%)		最大力总延伸率 A_{gt}(%)	弯曲试验180°	反复弯曲次数	应力松弛初始应力应相当于公称抗拉强度的70%
					A	A_{100mm}	A_{gt}			1000h，%
		不小于								不大于
普通钢筋混凝土用	CRB550	500	550	1.05	11.0	—	2.5	$D=3d$	—	—
	CRB600H	540	600	1.05	14.0	—	5.0	$D=3d$	—	—
	CRB680H	600	680	1.05	14.0	—	5.0	$D=3d$	4	5
预应力混凝土用	CRB650	585	650	1.05	—	4.0	2.5	—	3	8
	CRB800	720	800	1.05	—	4.0	2.5	—	3	8
	CRB800H	720	800	1.05	—	7.0	4.0	—	4	5

注：1. D 为弯心直径，d 为钢筋公称直径。

　　2. 当CRB680H钢筋作为普通钢筋混凝土用钢筋使用时，对反复弯曲和应力松弛不做要求；当CRB680H钢筋作为预应力混凝土用钢筋使用时，应进行反复弯曲试验代替180°弯曲试验，并检测松弛率。

4. 低碳钢热轧圆盘条

低碳钢热轧圆盘条力学性能指标有抗拉强度 R_m、断后伸长率 $A_{11.3}$；工艺性能为冷弯，力学性能技术要求和冷弯试验弯曲压头直径要求见表2-1-5。

低碳钢热轧圆盘条力学性能和工艺性能　　　表2-1-5

牌号	力学性能		冷弯试验180°
	抗拉强度 R_m(N/mm²)	断后伸长率 $A_{11.3}$(%)	
	不大于	不小于	
Q195	410	30	$d=0$

续上表

牌号	力学性能		冷弯试验 180°
	抗拉强度 R_{m}（N/mm²）	断后伸长率 $A_{11.3}$（%）	
	不大于	不小于	
Q215	435	28	$d=0$
Q235	500	23	$d=0.5a$
Q275	540	21	$d=1.5a$

注：d 为弯心直径，a 为试样直径。

八、各类钢筋的检验项目与取样规则

各类钢筋的检验项目与取样规则见表 2-1-6 ~ 表 2-1-9。

热轧带肋钢筋检验项目与取样规则

表 2-1-6

检验项目	取样数量	取样方法	试验方法
拉伸	2	不同根（盘）钢筋切取	GB/T 28900—2022/6
弯曲	2	不同根（盘）钢筋切取	GB/T 28900—2022/7
反向弯曲	1	任 1 根（盘）钢筋切取	GB/T 28900—2022/8
尺寸	逐根（盘）	—	GB/T 1499.2—2018/8
重量偏差	不少于 5 支，每支试样长度不小于 500mm		

热轧光圆钢筋检验项目与取样规则

表 2-1-7

检验项目	取样数量	取样方法	试验方法
拉伸	2	不同根（盘）钢筋切取	GB/T 28900—2022/6
弯曲	2	不同根（盘）钢筋切取	GB/T 28900—2022/7
尺寸	逐根（盘）	—	GB/T 1499.1—2017/8
重量偏差	不少于 5 支，每支试样长度不小于 500mm		

冷轧带肋钢筋检验项目与取样规则

表 2-1-8

检验项目	取样数量	取样方法	试验方法
拉伸	每批 1 个	不同根（盘）钢筋切取	GB/T 21839—2019/5 GB/T 28900—2022/6
弯曲	每批 2 个	不同根（盘）钢筋切取	GB/T 28900—2022/7
反复弯曲	每批 2 个	任 1 根（盘）钢筋切取	GB/T 21839—2019/7
尺寸	逐根（盘）	—	GB/T 13788—2017/7
重量偏差	1 支	试样长度不小于 500mm	GB/T 13788—2017/7

低碳钢热轧圆盘条检验项目与取样规则　　　　　　　　表 2-1-9

检验项目	取样数量	取样方法	试验方法
拉伸	1 个/批	GB/T 2975—2018	GB/T 228.1—2021/10
弯曲	2 个/批	不同根盘条、GB/T 2975—2018	GB/T 232—2010/7
尺寸	逐盘	—	千分尺、游标卡尺

职 业 能 力

九、常规检测参数试验方法及结果处理

1. 尺寸偏差

（1）检查样品是否符合试验检测要求

试验前应确认样品的外观、尺寸、牌号、规格、数量等信息是否符合试验要求。

（2）识别、控制和记录试验检测环境

尺寸偏差的测量对试验环境无温湿度要求。

（3）仪器设备要求

尺寸偏差的测量应使用有足够分辨率的数显游标卡尺。

（4）试验/工作方法

①热轧带肋钢筋尺寸偏差（内径、横肋高、纵肋高、横肋间距）的测量方法应按照《钢筋混凝土用钢　第 2 部分：热轧带肋钢筋》（GB/T 1499.2—2018）的规定执行。

②热轧光圆钢筋尺寸偏差（直径偏差、不圆度）的测量方法应按照《钢筋混凝土用钢　第 1 部分：热轧光圆钢筋》（GB/T 1499.1—2017）的规定执行。

③冷轧带肋钢筋尺寸偏差（横肋中点高、横肋间距、相对肋面积）的测量方法应按照《冷轧带肋钢筋》（GB/T 13788—2017）的规定执行。

④低碳钢热轧圆盘条尺寸偏差（直径偏差、不圆度）的测量方法及应按照《热轧圆盘条尺寸、外形、重量及允许偏差》（GB/T 14981—2009）的规定执行。

（5）规范填写试验检测原始记录表，完整准确记录原始数据

原始记录表应完整准确地记录每个尺寸的测量值、理论值、偏差值，精确位数与相关标准技术要求保持一致。

（6）处理（计算、修约、分析、判断等）试验检测数据

①热轧带肋钢筋尺寸偏差（内径、横肋高、纵肋高、横肋间距）的检测结果、计算结果修约位数应与表 2-1-10 中规定的位数保持一致。各项技术指标的判定应按照表 2-1-10 的要求进行。

②热轧光圆钢筋尺寸偏差（直径偏差、不圆度）的测量结果、计算结果修约位数应与表 2-1-11 中规定的位数保持一致。各项技术指标的判定应按照表 2-1-11 的要求进行。

热轧带肋钢筋尺寸及允许偏差（mm）　　　　　　　　　　表 2-1-10

公称直径 d	内径 d_1		横肋高 h		纵肋高 h_1（不大于）	横肋宽 b	纵肋宽 a	间距 L		横肋末端最大间隙（公称周长的 10% 弦长）
	公称尺寸	允许偏差	公称尺寸	允许偏差				公称尺寸	允许偏差	
6	5.8	±0.3	0.6	±0.3	0.8	0.4	1.0	4.0	±0.5	1.8
8	7.7	±0.4	0.8	+0.4 −0.3	1.1	0.5	1.5	5.5		2.5
10	9.6		1.0	±0.4	1.3	0.6	1.5	7.0		3.1
12	11.5		1.2	+0.4 −0.5	1.6	0.7	1.5	8.0		3.7
14	13.4		1.4		1.8	0.8	1.8	9.0		4.3
16	15.4		1.5		1.9	0.9	1.8	10.0		5.0
18	17.3		1.6	±0.5	2.0	1.0	2.0	10.0		5.6
20	19.3	±0.5	1.7		2.1	1.2	2.0	10.0	±0.8	6.2
22	21.3		1.9		2.4	1.3	2.5	10.5		6.8
25	24.2		2.1	±0.6	2.6	1.5	2.5	12.5		7.7
28	27.2		2.2		2.7	1.7	3.0	12.5		8.6
32	31.0	±0.6	2.4	+0.8 −0.7	3.0	1.9	3.0	14.0	±1.0	9.9
36	35.0		2.6	+1.0 −0.8	3.2	2.1	3.5	15.0		11.1
40	38.7	±0.7	2.9	±1.1	3.5	2.2	3.5	15.0		12.4
50	48.5	±0.8	3.2	±1.2	3.8	2.5	4.0	16.0		15.5

注：尺寸 a、b 为参考数据。

热轧光圆钢筋尺寸及允许偏差　　　　　　　　　　表 2-1-11

公称直径（mm）	允许偏差（mm）	不圆度（mm）
6、8、10、12	±0.3	≤0.4
14、16、18、20、22	±0.4	

　　③冷轧带肋钢筋尺寸偏差（横肋中点高、横肋间距、相对肋面积）的测量结果、计算结果修约位数应与表 2-1-12 中规定的位数保持一致。各项技术指标的判定应按照表 2-1-12 的要求进行。

　　④低碳钢热轧圆盘条尺寸偏差（直径偏差、不圆度）的测量结果、计算结果修约位数应与表 2-1-13 中规定的位数保持一致。各项技术指标的判定应符合《热轧圆盘条尺寸、外形、重量及允许偏差》（GB/T 14981—2009）的规定。

冷轧带肋钢筋尺寸及允许偏差

表 2-1-12

公称直径 d(mm)	横肋中点高		横肋间距		横肋 1/4 处高 $h_{1/4}$(mm)	横肋顶宽 b(mm)	相对肋面积 f_r 不小于
	H(mm)	允许偏差 (mm)	L(mm)	允许偏差 (%)			
二面肋、三面肋钢筋尺寸偏差							
4	0.30	+0.10 −0.05	4.0	±15	0.24	0.2d	0.036
4.5	0.32		4.0		0.26		0.039
5	0.32		4.0		0.26		0.039
5.5	0.40		5.0		0.32		0.039
6	0.40		5.0		0.32		0.039
6.5	0.46		5.0		0.37		0.045
7	0.46		5.0		0.37		0.045
7.5	0.55		6.0		0.44		0.045
8	0.55		6.0		0.44		0.045
8.5	0.55	±0.10	7.0		0.44		0.045
9	0.75		7.0		0.60		0.052
9.5	0.75		7.0		0.60		0.052
10	0.75		7.0		0.60		0.052
10.5	0.75		7.4		0.60		0.052
11	0.85		7.4		0.68		0.056
11.5	0.95		8.4		0.76		0.056
12	0.95		8.4		0.76		0.056
四面肋钢筋尺寸偏差							
6.0	0.39	+0.10 −0.05	5.0	±15	0.28	0.2d	0.039
7.0	0.45		5.3		0.32		0.045
8.0	0.52		5.7		0.36		0.045
9.0	0.59		6.1		0.41		0.052
10.0	0.65	±0.10	6.5		0.45		0.052
11.0	0.72		6.8		0.50		0.056
12.0	0.78		7.2		0.54		0.056

注:1. 横肋 1/4 处高、横肋顶宽供孔型设计用。

2. 二面肋钢筋允许有高度不大于 $0.5h$ 的纵肋。

低碳钢热轧圆盘条尺寸及允许偏差

表 2-1-13

公称直径(mm)	允许偏差(mm)			不圆度(mm)		
	A 级精度	B 级精度	C 级精度	A 级精度	B 级精度	C 级精度
5、5.5、6、6.5、7、7.5、 8、8.5、9、9.5、10	±0.30	±0.25	±0.15	≤0.48	≤0.40	≤0.24

续上表

公称直径（mm）	允许偏差（mm）			不圆度（mm）		
	A 级精度	B 级精度	C 级精度	A 级精度	B 级精度	C 级精度
10.5、11、11.5、12、12.5、13、13.5、14、14.5、15	±0.40	±0.30	±0.20	≤0.64	≤0.48	≤0.32
15.5、16、17、18、19、20、21、22、23、24、25	±0.50	±0.35	±0.25	≤0.80	≤0.56	≤0.40
26、27、28、29、30、31、32、33、34、35、36、37、38、39、40	±0.60	±0.40	±0.30	≤0.96	≤0.64	≤0.48
41、42、43、44、45、46、47、48、49、50	±0.80	±0.50	—	≤1.28	≤0.80	—
51、52、53、54、55、56、57、58、59、60	±1.00	±0.60	—	≤1.60	≤0.96	—

（7）规范出具试验检测报告

检测报告应给出所有检测项目尺寸偏差的测量值（修约后），以及测量尺寸偏差所用的数显卡尺等设备的名称、型号、编号。

2. 重量偏差

（1）检查样品是否符合试验检测要求

试验前应确认样品的外观、尺寸、牌号、规格、数量等信息是否符合试验要求。

对于热轧带肋钢筋与热轧光圆钢筋，测量重量偏差时，应从不同根钢筋上截取试样，数量不少于 5 支，每支试样长度不小于 500mm。应逐支测量长度，并精确到 1mm。测量试样总重量时，应精确到不大于总重量的 1%。

对于冷轧带肋钢筋，测量重量偏差时，试样长度不小于 500mm。长度测量应精确到 1mm。测量试样重量应精确到 1g。

低碳钢热轧圆盘条无重量偏差要求。

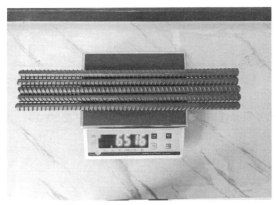

图 2-1-2　钢筋重量偏差试验仪器设备

（2）识别、控制和记录试验检测环境

重量偏差的测量对试验环境无温湿度要求。

（3）仪器设备要求

测量重量偏差需要使用具有足够量程和测量精度的电子天平或台秤及钢直尺，如图 2-1-2 所示。

（4）试验/工作方法

①热轧带肋钢筋重量偏差的试验方法应按照《钢筋混凝土用钢　第 2 部分：热轧带肋钢筋》（GB/T 1499.2—2018）及《钢筋混凝土用钢

材试验方法》(GB/T 28900—2022)的规定执行;

②热轧光圆钢筋重量偏差的试验方法应按照《钢筋混凝土用钢　第1部分:热轧光圆钢筋》(GB/T 1499.1—2017)及《钢筋混凝土用钢材试验方法》(GB/T 28900—2022)的规定执行;

③冷轧带肋钢筋重量偏差的试验方法应按照《冷轧带肋钢筋》(GB/T 13788—2017)及《钢筋混凝土用钢材试验方法》(GB/T 28900—2022)的规定执行。

(5)规范填写试验检测原始记录表,完整准确记录原始数据

重量偏差原始记录表格应完整记录每根钢筋的长度、重量、总重量。

(6)处理(计算、修约、分析、判断等)试验检测数据

应逐支测量长度,并精确到1mm。测量试样总重量时,热轧带肋钢筋和热轧光圆钢筋应精确到不大于总重量的1%,冷轧带肋钢筋试样重量应精确到1g。

热轧带肋钢筋重量偏差计算结果应修约到0.1%,热轧光圆钢筋和冷轧带肋钢筋重量偏差计算结果应修约到1%。

钢筋重量偏差的结果判定应根据相应产品标准的要求进行。

(7)规范出具试验检测报告

检测报告中要呈现出重量偏差按相应产品标准修约后的最终计算结果,以及测量重量偏差所用的电子天平(秤)、钢板尺等设备和测量工具的名称、型号、编号。

3. 抗拉强度 R_m、屈服强度(R_{eH}、R_{eL})或规定塑性延伸强度 $R_{p0.2}$、断后伸长率 A、最大力总延伸率 A_{gt}

(1)检查样品是否符合试验检测要求

试验前应确认样品的外观、尺寸、牌号、规格、数量等信息是否符合试验要求。

(2)识别、控制和记录试验检测环境

《钢筋混凝土用钢材试验方法》(GB/T 28900—2022)及产品标准未做规定,建议在16~26℃范围内进行。

(3)仪器设备要求

①钢筋力学性能拉伸试验所用仪器应为具有拉向和压向功能的液压式万能试验机或者微机控制电液伺服万能试验机,精度等级应至少为1.0级。

②试验机测力系统及引伸计应具备足够的测量精度、量程、分辨率,能够满足测量抗拉强度、屈服强度、断后伸长率、最大力总延伸率等检验项目的要求。

③试验机夹具应能满足测试线材、棒材、板材等规则形状样品,计算机采集软件应能自动完整地采集钢筋及其他金属材料的室温拉伸试验曲线,并能准确拾取曲线上的特征点(上、下屈服强度 R_{eH}、R_{eL},抗拉强度 R_m)。对于没有明显屈服平台的拉伸试验曲线,引伸计能够准确测量曲线上的非比例延伸强度 $R_{p0.2}$。

④测量断后伸长率、最大力总延伸率所用的数显卡尺应具有足够的量程、精度和分辨率。

⑤所有设备应经过检定/校准合格后使用,并确保在合格有效期内。

(4)试验/工作方法

①热轧带肋钢筋的抗拉强度、屈服强度、断后伸长率、最大力总延伸率的测试方法应依据

《钢筋混凝土用钢材试验方法》（GB/T 28900—2022）的规定执行；

②热轧光圆钢筋的抗拉强度、屈服强度、断后伸长率、最大力总延伸率的测试方法应按照《钢筋混凝土用钢材试验方法》（GB/T 28900—2022）的规定执行；

③冷轧带肋钢筋的抗拉强度、规定塑性延伸强度、断后伸长率、最大力总延伸率的测试方法应按照《钢筋混凝土用钢材试验方法》（GB/T 28900—2022）及《预应力混凝土用钢材试验方法》（GB/T 21839—2019）的规定执行；

④低碳钢热轧圆盘条的抗拉强度、断后伸长率的测试方法应按照《金属材料　拉伸试验　第1部分：室温试验方法》（GB/T 228.1—2021）的规定执行。

（5）规范填写试验检测原始记录表，完整准确记录原始数据

原始记录应根据产品标准的检测项目要求，准确、完整地记录试验环境温度和抗拉强度 R_m、屈服强度（R_{eH}、R_{eL}）、断后伸长率 A、最大力总延伸率 A_{gt} 的测试值。

（6）处理（计算、修约、分析、判断等）试验检测数据

抗拉强度 R_m、屈服强度（R_{eH}、R_{eL}）、断后伸长率 A、最大力总延伸率 A_{gt} 测试结果的修约应按照《冶金技术标准的数值修约与检测数值的判定》（YB/T 081—2013）的修约规则进行，见表2-1-14。

R_m、R_{eH}、R_{eL}、A、A_{gt} 的修约间隔　　　　　　　　表2-1-14

测试项目	性能范围	修约间隔
R_m、R_{eH}、R_{eL}	≤200MPa	1MPa
	>200～1000MPa	5MPa
	>1000MPa	10MPa
A	≤10%	0.5%
	>10%	1%
A_{gt}	—	0.1%

（7）规范出具试验检测报告

检测报告应给出抗拉强度 R_m、屈服强度（R_{eH}、R_{eL}）、断后伸长率 A、最大力总延伸率 A_{gt} 的最终修约结果，并根据相关产品标准技术要求，正确评定试验测试结果。

4. 弯曲性能

（1）检查样品是否符合试验检测要求

试验前应确认样品的外观、尺寸、牌号、规格、数量等信息是否符合试验要求。

（2）识别、控制和记录试验检测环境

《钢筋混凝土用钢材试验方法》（GB/T 28900—2022）及产品标准未做规定，建议在16～26℃范围内进行。

（3）仪器设备要求

弯曲试验设备应为支辊式弯曲装置或者全自动钢筋反复弯曲试验机。

支辊式弯曲装置的支辊长度应大于试样宽度或直径，支辊应具有足够的硬度。除非另有规定，支辊间距离 L 应按式（2-1-1）确定，并在试验过程中保持不变。

$$L = (d + 3a) \pm 0.5a \qquad (2\text{-}1\text{-}1)$$

式中:d——弯曲压头直径(mm);

a——试样厚度或直径(mm)。

弯曲压头直径应按相关产品标准的有关规定来确定,弯曲压头宽度应大于试样宽度或直径,并具有足够的硬度,如图 2-1-3 所示。

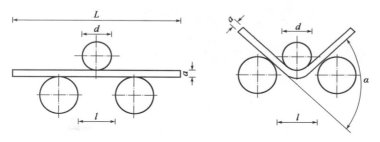

图 2-1-3　支辊式弯曲装置

L-试样长度;l-支辊间距离;α-弯曲角度

全自动钢筋反复弯曲试验机应具有弯曲角度范围为 0°~180° 的弯曲功能,且钢筋试样长度应足够长,使得钢筋在弯曲过程中,"转子"不得离开钢筋端部,如图 2-1-4 所示。

图 2-1-4　全自动钢筋反复弯曲试验机

(4)试验/工作方法

①热轧带肋钢筋的弯曲试验方法应按照《钢筋混凝土用钢材试验方法》(GB/T 28900—2022)的规定执行;

②热轧光圆钢筋的弯曲试验方法应按照《钢筋混凝土用钢材试验方法》(GB/T 28900—2022)的规定执行;

③冷轧带肋钢筋的弯曲试验方法应按照《钢筋混凝土用钢材试验方法》(GB/T 28900—2022)的规定执行;

④低碳钢热轧圆盘条的弯曲试验方法应按照《金属材料　弯曲试验方法》(GB/T 232—2010)的规定执行。

钢筋弯曲试验及弯曲压板如图 2-1-5、图 2-1-6 所示。

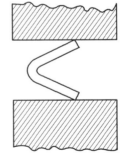

图 2-1-5　钢筋弯曲试验　　　　　图 2-1-6　弯曲试验压板

（5）规范填写试验检测原始记录表，完整准确记录原始数据

原始记录中应体现出弯曲试样的数量、弯曲结果（弯曲表面有无可见裂纹产生）、弯曲角度和弯心直径，以及弯曲试验设备的名称、型号、编号。

（6）处理（计算、修约、分析、判断等）试验检测数据

弯曲试验数量应按照相关产品标准的规定来确定，弯曲试验结果应根据相关产品标准的规定进行判定。当产品标准没有规定时，若弯曲试样无目视可见的裂纹，则判定该试样为合格。

（7）规范出具试验检测报告

试验报告中应体现出弯曲试样的数量、弯曲结果（弯曲表面有无可见裂纹产生）、弯曲角度和弯心直径。

5.反向弯曲

（1）检查样品是否符合试验检测要求

试验前应确认样品的外观、尺寸、牌号、规格、数量等信息是否符合试验要求。

（2）识别、控制和记录试验检测环境

《钢筋混凝土用钢材试验方法》（GB/T 28900—2022）及产品标准未做规定，建议在 16 ~ 26℃范围内进行。

（3）仪器设备要求

①全自动钢筋反复弯曲试验机：应具有正向弯曲角度范围 0 ~ 180°和反向弯曲角度 0° ~ 90°的弯曲功能，测量角度应精确到 0.1°；弯曲试样直径范围应至少为 $\phi6 ~ \phi40$mm；应具有用于 $\phi6 ~ \phi40$mm 钢筋样品反向弯曲试验用的弯心。

②烘箱：应具有至少 100℃的量程及恒温功能。

（4）试验/工作方法

热轧带肋钢筋的反向弯曲试验应按照《钢筋混凝土用钢材试验方法》（GB/T 28900—2022）的规定执行，试验如图 2-1-7 所示。

（5）规范填写试验检测原始记录表，完整准确记录原始数据

原始记录中应书写钢筋反复弯曲试验的正弯和反弯角度，还应记录人工时效的温度（℃）和时间（min），以及反弯结果（弯曲表面有无可见裂纹产生）。

图 2-1-7　热轧带肋钢筋反向弯曲试验

（6）处理（计算、修约、分析、判断等）试验检测数据

反向弯曲试验应根据相关产品标准的规定来判定。当产品标准没有规定时，若反向弯曲试样无目视可见的裂纹，则判定该试样为合格。

（7）规范出具试验检测报告

检测报告应呈现最终的试验结果（弯曲表面有无可见裂纹产生）及弯心直径、人工时效信息。

练习题

1.［单选］牌号为 Q215 的低碳钢热轧圆盘条拉伸试验，要求抗拉强度（　　）。

A. 不小于 215MPa
B. 不大于 435MPa
C. 不大于 410MPa
D. 不小于 290MPa

【答案】B

解析：低碳钢热轧圆盘条力学性能和工艺性能见下表。

牌号	力学性能		冷弯试验180°
	抗拉强度 R_m（N/mm²）	断后伸长率 $A_{11.3}$（%）	
	不大于	不小于	
Q195	410	30	$d = 0$
Q215	435	28	$d = 0$
Q235	500	23	$d = 0.5a$
Q275	540	21	$d = 1.5a$

注：d 为弯心直径；a 为试样直径。

2.［判断］牌号为 HRB400E、直径为 28mm 的热轧带肋钢筋，进行反向弯曲试验时，弯曲压头直径为 140mm。（　　）

【答案】×

解析：钢筋弯曲压头直径见下表，牌号 HRB400E、直径为 28mm 的热轧带肋钢筋在进行弯曲试验时的弯曲压头直径为 $5d$，即 $5 \times 28 = 140$mm。

牌号	公称直径 d(mm)	弯曲压头直径(mm)
HRB400 HRBF400 HRB400E HRBF400E	6 ~ 25	$4d$
	28 ~ 40	$5d$
	>40 ~ 50	$6d$
HRB500 HRBF500 HRB500E HRBF500E	6 ~ 25	$6d$
	28 ~ 40	$7d$
	>40 ~ 50	$8d$
HRB600	6 ~ 25	$6d$
	28 ~ 40	$7d$
	>40 ~ 50	$8d$

根据《钢筋混凝土用钢 第2部分:热轧带肋钢筋》(GB/T 1499.2—2018)规定,对牌号带E 的钢筋还应进行反向弯曲试验,反向弯曲试验弯曲压头直径比弯曲试验相应增加一个钢筋公称直径,即 $6d$。

3.[多选]HRB400E 钢筋的 R_m^0/R_{eL}^0 应( ), R_{eL}^0/R_{eL} 应( )。

A. R_m^0/R_{eL}^0 不大于 1.30   B. R_m^0/R_{eL}^0 不小于 1.25

C. R_{eL}^0/R_{eL} 不大于 1.30   D. R_{eL}^0/R_{eL} 不小于 1.25

【答案】BC

解析:热轧带肋钢筋的力学性能技术要求见下表。

牌号	下屈服强度 R_{eL}	抗拉强度 R_m(MPa)	断后伸长率 A(%)	最大力总延伸率 A_{gt}(%)	R_m^0/R_{eL}^0	R_{eL}^0/R_{eL}
			不小于			不大于
HRB400	400	540	16	7.5	—	—
HRBF400						
HRB400E			—	9.0	1.25	1.30
HRBF400E						
HRB500	500	630	15	7.5	—	—
HRBF500						
HRB500E			—	9.0	1.25	1.30
HRBF500E						
HRB600	600	730	14	7.5	—	—

注:R_m^0 为钢筋实测抗拉强度;R_{eL}^0 为钢筋实测下屈服强度。

4.[综合]热轧带肋钢筋、热轧光圆钢筋、冷轧带肋钢筋、低碳钢热轧圆盘条均是公路水运工程施工中常见的基础材料。关于以上四种钢筋常规试验项目的检测,请回答以下问题。

(1)《钢筋混凝土用钢 第2部分:热轧带肋钢筋》(GB/T 1499.2—2018)中规定,热轧带肋钢筋检测项目中不合格不允许复检的是( )。

A. 屈服强度　　　　　B. 重量偏差　　　　　C. 最大力总延伸率　　D. 抗拉强度

【答案】B

解析:根据标准《钢筋混凝土用钢　第2部分:热轧带肋钢筋》(GB/T 1499.2—2018)中9.3.5的规定,重量偏差不合格不允许复检。

(2)在测量钢筋断后伸长率A时,原始标距长度应为钢筋产品公称直径的(　　)倍。

A. 2　　　　　　　　B. 4　　　　　　　　C. 5　　　　　　　　D. 10

【答案】C

解析:根据《钢筋混凝土用钢材试验方法》(GB/T 28900—2022)中6.3.3的规定,测量断后伸长率A时,原始标距的长度应为5倍的产品公称直径(d)。

(3)热轧光圆钢筋的断后伸长率A、最大力总延伸率A_{gt}应分别不小于(　　)。

A. 25%、9.0%　　　　B. 25%、10.0%　　　　C. 16%、9.0%　　　　D. 16%、10.0%

【答案】B

解析:热轧光圆钢筋的力学性能技术要求见下表,其中断后伸长率A、最大力总延伸率A_{gt}应分别不小于25%、10.0%。

牌号	下屈服强度 R_{eL}(MPa)	抗拉强度 R_m(MPa)	断后伸长率 A(%)	最大力总延伸率 A_{gt}(%)	冷弯试验180°
	不小于				
HPB300	300	420	25	10.0	$d=a$

注:d为弯心直径;a为钢筋公称直径。

(4)在进行钢筋弯曲性能试验时,支辊间距离L应为(　　),并在试验过程中保持不变。

A. $L=(d+3a)±0.5a$　　　　　　B. $L=(d+3a)±1.0a$

C. $L=(d+2a)±0.5a$　　　　　　D. $L=(d+2a)±1.0a$

【答案】A

解析:根据《金属材料　弯曲试验方法》(GB/T 232—2010)中5.2.2的规定,除非另有规定,支辊间距离$L=(d+3a)±0.5a$。

(5)冷轧带肋钢筋CRB680H在进行反复弯曲试验时,弯曲次数应为(　　)次。

A. 2　　　　　　　　B. 3　　　　　　　　C. 4　　　　　　　　D. 5

【答案】C

解析:根据《冷轧带肋钢筋》(GB/T 13788—2017)中6.3.1的规定,牌号CRB680H的冷轧带肋钢筋反复弯曲试验次数为4次。

第二节　连接接头

一、钢筋焊接接头形式

钢筋焊接接头形式主要有电阻点焊、闪光对焊、电弧焊、电渣压力焊、气压焊、预埋件钢筋埋弧压力焊几类。比较常见的钢筋焊接接头形式见图2-1-8。

a)钢筋电渣压力焊

b)闪光对焊

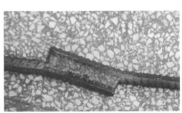
c)搭接焊接头

图 2-1-8　常见的钢筋焊接接头形式

1. 电阻点焊

电阻点焊是利用点焊机进行交叉钢筋焊接的焊接方式,常用于混凝土结构中钢筋焊接骨架和钢筋焊接网的制作中,以代替人工绑扎。同人工绑扎相比较,电阻点焊具有功效高、节约劳动力、成品整体性好、节约材料、降低成本等特点。

2. 闪光对焊

闪光对焊是将两段钢筋端头相对放置使其端面接触,利用电阻加热触点,产生闪光,使端面金属接触点熔化,然后迅速施加顶端力使两端金属结合牢固形成接头的焊接方式。闪光对焊具有热效率高、焊接质量好、可焊金属和合金的范围广等优点。

3. 电弧焊

电弧焊是将要焊接的金属作为一极,焊条作为另一极,两极接近时产生电弧,利用电弧放电(电弧燃烧)所产生的热量将焊条与工件互相熔化并在冷凝后形成焊缝,从而获得牢固接头的焊接过程。通常有帮条焊、搭接焊、坡口焊、窄间隙焊、熔槽帮条焊 5 种焊接方式。在进行电弧焊焊接时,应注意:

(1)应根据钢筋牌号、直径、接头形式和焊接位置,选择焊接材料,确定焊接工艺和焊接参数;

(2)焊接时,引弧应在垫板、帮条或形成焊缝的部位进行,不得烧伤主筋;

(3)焊接地线与钢筋应接触良好;

(4)焊接过程中应及时清渣,焊表面应光滑,焊缝余高应平缓过渡,弧坑应填满。

4. 电渣压力焊

电渣压力焊是将两根钢筋安放成竖向或斜向(倾斜角度不大于 10°)对接形式,利用焊接电流通过两钢筋间隙,在焊剂层下形成电弧过程和电渣过程,产生电弧热和电阻热,熔化钢筋并加压完成的一种压焊方法。包括四个阶段:引弧过程、电弧过程、电渣过程和顶压过程。与电弧焊相比,电渣压力焊工效高、成本低,且适用于厚板的焊接,广泛应用于现浇钢筋混凝土结构中钢筋的焊接施工。

5. 气压焊

气压焊是利用氧气、乙炔火焰加热钢筋接头,待温度达到塑性状态时施加压力,使钢筋接头压接在一起的焊接方法。按焊接工艺和加热温度的不同,可分为固态气压焊和熔态气压焊两种。气压焊可用于钢筋在垂直位置、水平位置和倾斜位置的对接焊接。

6. 预埋件钢筋埋弧压力焊

预埋件钢筋埋弧压力焊是将钢筋和钢板安放成 T 形接头形式,利用焊接电流通过,在焊剂层下产生电弧,形成溶池,加压完成焊接的一种压焊方法。在焊接施工前,应根据钢筋直径大小选择合适的引弧提升高度、电弧电压、焊接电流和焊接通电时间。

二、钢筋焊接接头质量检验与验收的基本规定

钢筋焊接接头应按检验批进行质量检验与验收。质量检验与验收应包括外观质量检查和力学性能检验,焊接接头力学性能检验为主控项目,焊接接头的外观质量检查为一般项目。

钢筋闪光对焊接头、电弧焊接头、电渣压力焊接头、气压焊接头、箍筋闪光对焊接头、预埋件钢筋 T 形接头的拉伸试验,应从每一检验批接头中随机切取 3 个接头进行试验,并应按下列规定对试验结果进行评定:

符合下列条件之一,应评定该检验批接头拉伸试验合格:

(1)3 个试件均断于钢筋母材,呈延性断裂,其抗拉强度大于或等于钢筋母材抗拉强度标准值。

(2)2 个试件断于钢筋母材,呈延性断裂,其抗拉强度大于或等于钢筋母材抗拉强度标准值;另一试件断于焊缝,呈脆性断裂,其抗拉强度大于或等于钢筋母材抗拉强度标准值的 1.0 倍。

注:试件断于热影响区,呈延性断裂,应视作与断于钢筋母材等同;试件断于热影响区,呈脆性断裂,应视作与断于焊缝等同。

符合下列条件之一,应进行复验:

(1)2 个试件断于钢筋母材,呈延性断裂,其抗拉强度大于或等于钢筋母材抗拉强度标准值;另一试件断于焊缝或热影响区,呈脆性断裂,其抗拉强度小于钢筋母材抗拉强度标准值的 1.0 倍。

(2)1 个试件断于钢筋母材,呈延性断裂,其抗拉强度大于或等于钢筋母材抗拉强度标准值;另 2 个试件断于焊缝或热影响区,呈脆性断裂。

(3)3 个试件均断于焊缝,呈脆性断裂,其抗拉强度均大于或等于钢筋母材抗拉强度标准值的 1.0 倍,应进行复验。当 3 个试件中有 1 个试件抗拉强度小于钢筋母材抗拉强度标准值的 1.0 倍时,应评定该检验批接头拉伸试验不合格。

(4)复验时,应切取 6 个试件进行试验。试验结果若有 4 个或 4 个以上试件断于钢筋母材,呈延性断裂,其抗拉强度大于或等于钢筋母材抗拉强度标准值,另 2 个或 2 个以下试件断于焊缝,呈脆性断裂,其抗拉强度大于或等于钢筋母材抗拉强度标准值的 1.0 倍,应评定该检验批接头拉伸试验复验合格。

(5)可焊接余热处理钢筋 RRB400W 焊接接头拉伸试验结果,其抗拉强度应符合同级别热轧带肋钢筋抗拉强度标准值(540MPa)的规定。

(6)预埋件钢筋 T 形接头拉伸试验结果,3 个试件的抗拉强度均大于或等于抗拉强度规定值时,应评定该检验批接头拉伸试验合格。若有一个接头试件抗拉强度小于抗拉强度规定值时,应进行复验。

复验时,应切取 6 个试件进行试验。复验结果的抗拉强度均大于或等于规定值时,应评定该检验批接头拉伸试验复验合格。

注:钢筋焊接接头热影响区宽度主要决定于焊接方法,其次为焊接热输入。当采用较大热输入时,对不同焊接接头进行测定,其热影响区宽度如下,供参考使用:

钢筋电阻点焊焊点:$0.5d$;钢筋闪光对焊接头:$0.7d$;钢筋电弧焊接头:$6 \sim 10mm$;钢筋电渣压力焊接头:$0.8d$;钢筋气压焊接头:$1.0d$;预埋件钢筋埋弧压力焊接头和埋弧螺柱焊接头:$0.8d$(d 为钢筋直径,单位为 mm)。

钢筋闪光对焊接头、气压焊接头应进行弯曲试验,应从每一个检验批接头中随机切取 3 个接头,焊缝应处于弯曲中心点,弯心直径和弯曲角度应符合表 2-1-15 的规定。

焊接接头弯心直径与角度　　　　　　　　表 2-1-15

钢筋牌号	弯心直径		弯曲角度(°)
	$a \leqslant 25mm$	$a > 25mm$	
HPB300	$2d$	$3d$	90
HRB335、HRBF335	$4d$	$5d$	90
HRB400、HRBF400、RRB400W	$5d$	$6d$	90
HRB500、HRBF500	$7d$	$8d$	90

弯曲试验结果应按下列规定进行评定:

(1)当弯曲至 90°,有 2 个或 3 个试件外侧(含焊缝和热影响区)未发生宽度达到 0.5mm 的裂纹时,应评定该检验批接头弯曲试验合格。

(2)当有 2 个试件产生宽度达到 0.5mm 的裂纹时,应进行复验。

(3)当有 3 个试件产生宽度达到 0.5mm 的裂纹时,应评定该检验批接头弯曲试验不合格。

(4)复验时,应切取 6 个试件进行试验。复验结果,当不超过 2 个试件产生宽度达到 0.5mm 的裂纹时,应评定该检验批接头弯曲试验复验合格。

钢筋焊接接头的检测应依据《钢筋焊接接头试验方法标准》(JGJ/T 27—2014)执行;结果评定应按《钢筋焊接及验收规程》(JGJ 18—2012)执行。

三、钢筋机械连接接头形式

常见钢筋机械连接接头形式主要有:套筒挤压接头、锥螺纹接头、螺纹接头(主要有镦粗直螺纹接头和滚轧直螺纹接头),见图 2-1-9。

　　a)套筒挤压接头　　　　　　　　b)锥螺纹接头　　　　　　　　c)滚轧直螺纹接头

图 2-1-9　常见钢筋机械连接接头形式

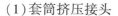

（1）套筒挤压接头

带肋钢筋套筒挤压连接是将两根待接钢筋插入套筒,用挤压连接设备沿径向挤压钢套筒,使之产生塑性变形,依靠变形后的钢套筒与被连接钢筋纵、横肋产生的机械咬合成为整体的钢筋连接方法。这种接头稳定性好,可与母材等强度,但操作难度大,综合成本较高。

（2）锥螺纹接头

钢筋锥螺纹接头是把钢筋的连接端加工成锥形螺纹(简称丝头),通过锥螺纹连接套把两根带丝头的钢筋,按规定的力矩值连接成一体的钢筋接头。这种接头适用于直径为 16 ～ 40mm 的 HRB335、HRB400 钢筋的连接。其具有连接速度快、对中性好、工艺简捷、安全可靠、节约钢材和能源、可全天候施工的特点。但由于在加工锥螺纹时钢筋断面有所减小,使得接头处容易发生破坏。

（3）镦粗直螺纹接头

镦粗直螺纹接头是通过钢筋端头镦粗后制作的直螺纹和连接件螺纹咬合形成的接头。这种接头强度高,不削弱母材截面积,使螺纹小径不小于钢筋母材直径,冷镦后还可提高钢材强度,使接头部位的强度大于母材强度。具有成本较低、适应性强、适用范围广的特点。

（4）滚轧直螺纹接头

滚轧直螺纹接头是通过钢筋端头直接滚轧或剥肋后滚轧制作的直螺纹和连接件螺纹咬合形成的接头。其适用于工业与民用建筑及一般构筑物中采用 HRB335、HRB400、RRB400 级 $\phi16 ～ \phi40mm$ 的钢筋作为受力钢筋时的滚轧直螺纹连接。具有技术先进、质量可靠、经济合理、操作简便、安全适用、不污染环境等特点。

以上三种接头按接头性能(极限抗拉强度、残余变形、最大力总伸长率、高应力和大变形条件下反复拉压性能)不同均可分为Ⅰ级、Ⅱ级、Ⅲ级三个等级。

四、钢筋机械连接接头应用

依据《钢筋机械连接技术规程》(JGJ 107—2016),接头等级的选用应符合下列规定:

（1）混凝土结构中要求充分发挥钢筋强度或对延性要求高的部位应选用Ⅱ级或Ⅰ级接头;当在同一连接区段内钢筋接头面积百分率为 100% 时,应选用Ⅰ级接头。

（2）混凝土结构中钢筋应力较高但对延性要求不高的部位可选用Ⅲ级接头。

（3）连接件的混凝土保护层厚度宜符合《混凝土结构设计规范》(GB 50010—2010)中的规定,且不应小于 0.75 倍钢筋最小保护层厚度和 15mm 中的较大值。必要时可对连接件采取防锈措施。

（4）结构构件中纵向受力钢筋的接头宜相互错开。钢筋机械连接的连接区段长度应按 $35d$ 计算(d 为钢筋直径),当直径不同的钢筋连接时,按直径较小的钢筋计算。位于同一连接区段内的钢筋机械连接接头的面积百分率应符合下列规定:

①接头宜设置在结构构件受拉钢筋应力较小部位,高应力部位设置接头时,同一连接区段内Ⅲ级接头的接头面积百分率不应大于 25% ,Ⅱ级接头的接头面积百分率不应大于 50% ,Ⅰ级接头的接头面积百分率除下列第②和④条规定的情况外可不受限制。

②接头宜避开有抗震设防要求的框架的梁端、柱端箍筋加密区;当无法避开时,应采用Ⅱ

级接头或Ⅰ级接头,且接头面积百分率不应大于50%。

③受拉钢筋应力较小部位或纵向受压钢筋,接头面积百分率可不受限制。

④对直接承受重复荷载的结构构件,接头面积百分率不应大于50%。

(5)对直接承受重复荷载的结构,接头应选用包含有疲劳性能的型式检验报告的认证产品。

五、钢筋机械连接接头的现场检验与验收的基本规定

1. 工艺检验

对各种类型和型式接头都应进行工艺检验,检验项目包括单向拉伸极限抗拉强度和残余变形。

每种规格钢筋接头试件不应少于3根;每根试件极限抗拉强度和3根接头试件残余变形的平均值均应分别符合表2-1-16、表2-1-17的规定。

接头极限抗拉强度 表2-1-16

接头等级	Ⅰ级	Ⅱ级	Ⅲ级
极限抗拉强度	$f_{mst}^0 \geq f_{stk}$ 钢筋拉断 或 $f_{mst}^0 \geq 1.10 f_{stk}$ 连接件破坏	$f_{mst}^0 \geq f_{stk}$	$f_{mst}^0 \geq 1.25 f_{yk}$

接头变形性能 表2-1-17

接头等级		Ⅰ级	Ⅱ级	Ⅲ级
单向拉伸	残余变形 u_0(mm)	$u_0 \leq 0.10 (d \leq 32mm)$ $u_0 \leq 0.14 (d > 32mm)$	$u_0 \leq 0.14 (d \leq 32mm)$ $u_0 \leq 0.16 (d > 32mm)$	$u_0 \leq 0.14 (d \leq 32mm)$ $u_0 \leq 0.16 (d > 32mm)$
	最大力总伸长率 A_{sgt}(%)	$A_{sgt} \geq 6.0$	$A_{sgt} \geq 6.0$	$A_{sgt} \geq 3.0$

工艺检验不合格时,应进行工艺参数调整,合格后方可按最终确认的工艺参数进行接头批量加工。

2. 现场抽检

现场抽检项目应包括极限抗拉强度试验、加工和安装质量检验。

组批规则:抽检应按验收批进行,相同钢筋生产厂、强度等级、规格、类型和型式接头应以500个为一个验收批进行检验与验收,不足500个时也应作为一个验收批。

3. 取样数量和结果判定规则

对接头的每一验收批,应在工程结构中随机截取3个接头试件做极限抗拉强度试验,按设计要求的接头等级进行评定。

(1)当3个接头试件的极限抗拉强度均符合相应等级的强度要求时,该验收批应评为合格。当仅有1个试件的极限抗拉强度不符合要求时,应再取6个试件进行复检。复检中仍有1个试件的极限抗拉强度不符合要求,该验收批应评为不合格。

(2)当验收批接头数量少于200个时,可按抽样要求随机抽取2个试件做极限抗拉强度

试验,当2个试件的极限抗拉强度均满足相应等级强度要求时,该验收批应评为合格。

(3)当有1个试件的极限抗拉强度不满足要求时,应再取4个试件进行复检,复检中仍有1个试件极限抗拉强度不满足要求,该验收批应评为不合格。

(4)加工和安装质量检验。

对螺纹接头应按验收批抽取其中10%的接头进行拧紧扭矩校核,拧紧扭矩值不合格数超过被校核接头数的5%时,应重新拧紧全部接头,直到合格为止。

套筒挤压接头应按验收批抽取10%接头,压痕直径或挤压后套筒长度应满足:压痕处套筒外径应为原套筒外径的0.80~0.90倍,挤压后套筒长度应为原套筒长度的1.10~1.15倍;钢筋插入套筒深度应满足产品设计要求,检查不合格数超过10%时,可在本批外观检验不合格的接头中抽取3个试件做极限抗拉强度试验,按下述方法进行评定:

对接头的每一验收批,应在工程结构中随机截取3个接头试件做极限抗拉强度试验,按设计要求的接头等级进行评定。当3个接头试件的极限抗拉强度均符合表2-1-16中相应等级的强度要求时,该验收批应评为合格。当仅有1个试件的极限抗拉强度不符合要求时,应再取6个试件进行复检。复检中仍有1个试件的极限抗拉强度不符合要求,则该验收批应评为不合格。

(5)套筒挤压接头的安装应符合下列规定:

①钢筋端部不得有局部弯曲,不得有严重锈蚀和附着物;

②钢筋端部应有挤压套筒后可检查钢筋插入深度的明显标记,钢筋端头离套筒长度中点不宜超过10mm;

③挤压后的压痕直径或套筒长度的波动范围应用专用量规检验;压痕处套筒外径应为原套筒外径的0.80~0.90倍,挤压后套筒长度应为原套筒长度的1.10~1.15倍;

④挤压后的套筒不应有可见裂纹。

(6)现场检验连续10个验收批抽样试件抗拉强度试验一次合格率为100%时,验收批接头数量可扩大为1000个。

对有效认证的接头产品,验收批数量可扩大至1000个;当现场抽检连续10个验收批抽样试件极限抗拉强度检验一次合格率为100%时,验收批接头数量可扩大为1500个。当扩大后的各验收批中出现抽样试件极限抗拉强度检验不合格的评定结果时,应将随后的各验收批数量恢复为500个,且不得再次扩大验收批数量。

对于设计上对接头疲劳性能要求进行现场检验的工程,可按设计提供的钢筋应力幅和最大应力,或根据《钢筋机械连接技术规程》(JGJ 107—2016)中钢筋接头疲劳性能检验的应力幅和最大应力的关系,选择相近的一组应力进行疲劳性能检验,并应选取工程中大、中、小三种直径钢筋各组装3根接头试件进行疲劳试验。若全部试件均通过200万次重复加载未破坏,应评定该批接头试件疲劳性能合格。每组中仅1根试件不合格,应再取相同类型和规格的3根接头试件进行复检,当3根复检试件均通过200万次重复加载未破坏时,应评定该批接头试件疲劳性能合格;复检中仍有1根试件不合格时,该验收批应评定为不合格。

现场截取抽样试件后,原接头位置的钢筋可采用同等规格的钢筋进行绑扎搭接连接、焊接或机械连接方法补接。对抽检不合格的接头验收批,应由工程有关各方研究后提出处理方案。

六、钢筋焊接接头和机械连接接头的取样规则

1. 闪光对焊接头

（1）钢筋闪光对焊接头：在同一台班内，由同一个焊工完成的 300 个同牌号、同直径钢筋焊接接头应作为一批。当同一台班内焊接的接头数量较少时，可在一周之内累计计算；累计仍不足 300 个接头时，应按一批计算；进行力学性能检验时，应从每批接头中随机切取 6 个接头，其中 3 个做拉伸试验，3 个做弯曲试验。异径钢筋接头可只做拉伸试验。

（2）箍筋闪光对焊接头：在同一台班内，由同一焊工完成的 600 个同牌号、同直径箍筋闪光对焊接头作为一个检验批；如超出 600 个接头，其超出部分可以与下一台班完成接头累计计算；每一检验批中，应随机抽查 5% 的接头进行外观质量检查；每个检验批中应随机切取 3 个对焊接头做拉伸试验。

2. 电弧焊接头

电弧焊接头的质量检验，应分批进行外观质量检查和力学性能检验，并应符合下列规定：

（1）在现浇混凝土结构中，应以 300 个同牌号钢筋、同型式接头作为一批。在房屋结构中，应在不超过连续二楼层中 300 个同牌号钢筋、同型式接头作为一批，每批随机切取 3 个接头，做拉伸试验。

（2）在装配式结构中，可按生产条件制作模拟试件，每批 3 个，做拉伸试验。

（3）对钢筋与钢板搭接焊接头可只进行外观质量检查。

注：在同一批中若有 3 种不同直径的钢筋焊接接头，应在最大直径钢筋接头和最小直径钢筋接头中分别切取 3 个试件进行拉伸试验。钢筋电渣压力焊接头、钢筋气压焊接头取样均同。

3. 电渣压力焊接头

电渣压力焊接头的质量检验，应分批进行外观质量检查和力学性能检验，并应符合下列规定：

（1）在现浇钢筋混凝土结构中，应以 300 个同牌号钢筋接头作为一批。

（2）在房屋结构中，应以不超过连续二楼层中 300 个同牌号钢筋接头作为一批；当不足 300 个接头时，仍应作为一批。

（3）每批随机切取 3 个接头试件做拉伸试验。

4. 钢筋气压焊接头

钢筋气压焊接头的质量检验，应分批进行外观质量检查和力学性能检验，并应符合下列规定：

（1）在现浇钢筋混凝土结构中，应以 300 个同牌号钢筋接头作为一批，在房屋结构中，应以不超过连续二楼层中 300 个同牌号钢筋接头作为一批；当不足 300 个接头时，仍应作为一批。

（2）在柱、墙的竖向钢筋连接中，应从每批接头中随机切取 3 个接头做拉伸试验；在梁、板的水平钢筋连接中，应另切取 3 个接头做弯曲试验。

（3）在同一批中,异径钢筋气压焊接头可只做拉伸试验。

5. 预埋件钢筋 T 形接头

（1）进行力学性能检验时,应以 300 个同类型预埋件作为一批。

（2）当不足 300 个时,亦应按一批计算。应从每批预埋件中随机切取 3 个接头做拉伸试验。试件的钢筋长度应大于或等于 200mm,钢板(锚板)的长度和宽度应等于 60mm,并视钢筋直径的增大而适当增大。一周内连续焊接时,可累计计算。

6. 钢筋机械连接接头

（1）工艺检验。各种类型和型式接头都应进行工艺检验,检验项目包括单向拉伸极限抗拉强度和残余变形,每种规格钢筋接头试件不应少于 3 个。测量接头试件残余变形后可继续进行极限抗拉强度试验。试验方法按照《钢筋机械连接技术规程》(JGJ 107—2016)中单向拉伸加载制度进行试验。

（2）验收批检验抽检应按验收批进行,相同钢筋生产厂、强度等级、规格、类型和型式接头应以 500 个为一个验收批进行检验与验收,不足 500 个时也应作为一个验收批。

（3）对接头的每一验收批,应在工程结构中随机截取 3 个接头试件做极限抗拉强度试验,按设计要求的接头等级进行评定。

（4）当 3 个接头试件的极限抗拉强度均符合相应等级的强度要求时,该验收批应评为合格。当仅有 1 个试件的极限抗拉强度不符合要求时,应再取 6 个试件进行复检。复检中仍有 1 个试件的极限抗拉强度不符合要求,该验收批应评为不合格。

（5）当验收批接头数量少于 200 个时,可按抽样要求随机抽取 2 个试件做极限抗拉强度试验,当 2 个试件的极限抗拉强度均满足相应等级强度要求时,该验收批应评为合格。

（6）当有 1 个试件的极限抗拉强度不满足要求时,应再取 4 个试件进行复检,复检中仍有 1 个试件极限抗拉强度不满足要求,该验收批应评为不合格。

职 业 能 力

七、常规检测参数试验方法及结果处理

1. 抗拉强度 R_m

（1）检查样品是否符合试验检测要求

试验前应确认样品的外观、尺寸、牌号、规格、数量等信息是否符合试验要求。

（2）识别、控制和记录试验检测环境

《钢筋焊接接头试验方法标准》(JGJ/T 27—2014)未做规定,建议在 16～26℃ 范围内进行。

（3）仪器设备要求

①钢筋焊接接头抗拉强度试验所用仪器应为具有拉向和压向功能的液压式万能试验机或者微机控制电液伺服万能试验机,精度等级应至少为 1.0 级。

②试验机测力系统及引伸计应具备足够的测量精度、量程、分辨率,能够满足测量钢筋焊接接头抗拉强度的要求。

③试验机夹具应能满足测试线材、棒材、板材等规则形状样品,计算机采集软件应能自动完整地采集钢筋及其他金属材料的室温拉伸试验曲线并能准确拾取曲线上的特征点(抗拉强度 R_m)。

④用于测量钢筋焊接接头断口距焊口距离的钢板尺应具有足够的量程、精度和分辨率。

⑤所有设备应经过检定/校准合格后使用,并确保在合格有效期内。

(4)试验/工作方法

钢筋焊接接头和机械连接接头在进行单向拉伸试验测试抗拉强度时,试验方法应分别按照《钢筋焊接接头试验方法标准》(JGJ/T 27—2014)和《金属材料 拉伸试验 第 1 部分:室温试验方法》(GB/T 228.1—2021)执行。

(5)规范填写试验检测原始记录表,完整准确记录原始数据

原始记录表应完整记录试验环境温度、焊接接头形式、直径、牌号、数量、经计算得出的抗拉强度、断裂位置(断于母材或焊缝、热影响区)、断裂特征(塑性断裂或脆性断裂)、断口距焊口距离等信息。

(6)处理(计算、修约、分析、判断等)试验检测数据

钢筋焊接接头与机械连接接头的试验结果数值修约应按照《数值修约规则与极限数值的表示和判定》(GB/T 8170—2008)执行;试验结果判定应分别按照《钢筋焊接及验收规程》(JGJ 18—2012)与《钢筋机械连接技术规程》(JGJ 107—2016)执行。

(7)规范出具试验检测报告

钢筋焊接接头与机械连接接头检测报告应给出接头的直径、牌号、3 个抗拉强度的测试结果(修约后)。焊接接头报告应给出焊接接头的断裂特征、断口距焊口距离、抗拉强度值;机械连接接头报告应给出接头断裂位置、接头破坏形式、抗拉强度值、检测结论信息。

2. 单向拉伸残余变形值 μ_0 及最大力总伸长率 A_{sgt}

(1)检查样品是否符合试验检测要求

试验前应确认样品的外观、尺寸、牌号、规格、数量等信息是否符合试验要求。

(2)识别、控制和记录试验检测环境

《钢筋机械连接技术规程》(JGJ 107—2016)未做规定,建议在 16 ~ 26℃范围内进行。

(3)仪器设备要求

应使用足够量程和分辨率的双侧引伸计测量并计算单向拉伸残余变形值 μ_0。

应使用最小分辨率为 0.01mm 的游标卡尺测量机械连接接头的断后伸长量,并计算最大力总伸长率 A_{sgt}。

(4)试验/工作方法

钢筋机械连接接头的单向拉伸残余变形试验加载制度及变形测量标距的计算按照《钢筋机械连接技术规程》(JGJ 107—2016)执行。

钢筋机械连接接头的最大力总伸长率 A_{sgt} 的测量方法应按照《钢筋机械连接技术规程》(JGJ 107—2016)执行,测点布置如图 2-1-10 所示。

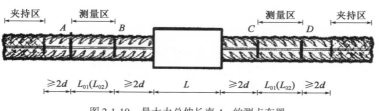

图 2-1-10　最大力总伸长率 A_{sgt} 的测点布置

d-钢筋公称直径

（5）规范填写试验检测原始记录表,完整准确记录原始数据

原始记录表应完整记录机械连接接头加载到 0.6 倍屈服强度标准值 f_{yk} 并卸载后的残余变形值 u_0 测量结果,以及加载前和加载后的标距长度 L_{01} 和 L_{02},最大力总伸长率 A_{sgt} 的计算结果。

（6）处理（计算、修约、分析、判断等）试验检测数据

机械连接接头单向拉伸残余变形值 u_0 应按《钢筋机械连接技术规程》（JGJ 107—2016）技术要求修约到 0.01;最大力总伸长率 A_{sgt} 的试验结果数值应按《冶金技术标准的数值修约与检测数值的判定》（YB/T 081—2013）修约到 0.1%。

（7）规范出具试验检测报告

检测报告中应给出机械连接接头单向拉伸残余变形值 u_0 和最大力总伸长率 A_{sgt} 经修约后的试验结果。

3. 弯曲性能

（1）检查样品是否符合试验检测要求

对钢筋闪光对焊接头、气压焊接头应进行弯曲试验。试验前应确认样品的外观、尺寸、牌号、规格、数量等信息是否符合试验要求。试样受压面的金属毛刺和镦粗变形部分宜去除至与母材外表面齐平。

（2）识别、控制和记录试验检测环境

《钢筋焊接接头试验方法标准》（JGJ/T 27—2014）未做规定,建议在 16～26℃ 范围内进行。

（3）仪器设备要求

弯曲试验设备应为支辊式弯曲装置。支辊式弯曲装置的支辊长度宜为两支辊内侧距离加 150mm;支辊间距离 L 应按式（2-1-1）确定,并在试验过程中保持不变。

弯曲压头直径应按相关产品标准的有关规定来确定,弯曲压头宽度应大于试样宽度或直径,并具有足够的硬度,如图 2-1-3 所示。

（4）试验/工作方法

钢筋焊接接头弯曲试验方法应按照《钢筋焊接接头试验方法标准》（JGJ/T 27—2014）执行。

（5）规范填写试验检测原始记录表,完整准确记录原始数据

原始记录中应体现出弯曲试样的数量、弯曲结果（弯曲表面有无可见裂纹产生）、弯曲角度和弯曲压头直径,以及弯曲试验设备的名称、型号、编号。

（6）处理（计算、修约、分析、判断等）试验检测数据

弯曲试验数量应按照相关产品标准的规定确定;弯曲试验结果应根据相关产品标准的规

定进行判定。当产品标准没有规定时,若弯曲试样无目视可见的裂纹,则判定该试样为合格。

（7）规范出具试验检测报告

试验报告中应体现出弯曲试样的数量、弯曲结果（弯曲表面有无可见裂纹产生）、弯曲角度和弯心直径及检测结论。

练习题

1.［单选]钢筋焊接接头拉伸试验进行复验时,应切取（　　　　）试件进行试验。

A.6 个　　　　　　　B.2 个　　　　　　　C.5 个　　　　　　　D.3 个

【答案】A

解析:当仅有 1 个试件的极限抗拉强度不符合要求时,应再取 6 个试件进行复检。

2.［判断]钢筋机械连接拉伸试验,钢筋拉断时 Ⅰ 级接头抗拉强度应不小于 1.00 倍钢筋极限抗拉强度标准值为合格。（　　　　）

【答案】×

解析:如下表所示,钢筋拉断时 Ⅰ 级接头抗拉强度应不小于 1.10 倍钢筋极限抗拉强度标准值。

接头等级	Ⅰ 级	Ⅱ 级	Ⅲ 级
极限抗拉强度	$f_{mst}^0 \geq f_{stk}$ 钢筋拉断 或 $f_{mst}^0 \geq 1.10 f_{stk}$ 连接件破坏	$f_{mst}^0 \geq f_{stk}$	$f_{mst}^0 \geq 1.25 f_{yk}$

3.［多选]关于钢筋闪光对焊接头拉伸试验和弯曲试验的试件个数,下面说法正确的是（　　　　）。

A.拉伸试验试件个数为 2 个　　　　　　　B.拉伸试验试件个数为 3 个

C.弯曲试验试件个数为 2 个　　　　　　　D.弯曲试验试件个数为 3 个

【答案】BD

解析:取样规则:力学性能检验时,应从每批接头中随机切取 6 个接头,其中 3 个做拉伸试验,3 个做弯曲试验。

4.［综合]关于钢筋焊接接头及机械连接接头试验检测及取样规则的内容,在下面问题中选出正确答案。

（1）钢筋闪光对焊接头应在同一台班内,由同一个焊工完成的（　　　　）个同牌号、同直径钢筋焊接接头作为一批。

A.500 个　　　　　　B.100 个　　　　　　C.200 个　　　　　　D.300 个

【答案】D

解析:钢筋闪光对焊接头:在同一台班内,由同一个焊工完成的 300 个同牌号、同直径钢筋焊接接头应作为一批。当同一台班内焊接的接头数量较少时,可在一周之内累计计算;当累计仍不足 300 个接头时,应按一批计算。

（2）常见钢筋机械连接接头形式主要有（　　　　）。

A.套筒挤压连接接头　　　　　　　B.锥螺纹连接接头

C.螺纹连接接头　　　　　　　D.灌浆套筒连接接头

【答案】ABC

解析：常见钢筋机械连接接头形式主要有：套筒挤压连接接头、锥螺纹连接接头、螺纹连接接头。其中螺纹连接接头主要有镦粗直螺纹连接接头和滚轧直螺纹连接接头两类。

（3）闪光对焊拉伸试样的总长度计算公式是（　　　）。

A. $L \geq 5d + lh + 2l_j$　　B. $L \geq 8d + lh + 2l_j$　　C. $L \geq 8d + 2l_j$　　D. $L \geq 5d + 2l_j$

【答案】C

解析：《钢筋焊接接头试验方法标准》（JGJ/T 27—2014）表3.1.1中规定闪光对焊拉伸试样的尺寸：$L \geq 8d + 2l_j$。

（4）以下4种钢筋焊接接头拉伸试验结果，不需要进行复验的是（　　　）。

A. 2个试件断于钢筋母材，呈延性断裂，其抗拉强度大于或等于钢筋母材抗拉强度标准值；另一试件断于焊缝，呈脆性断裂，其抗拉强度大于或等于钢筋母材抗拉强度标准值的1.0倍

B. 2个试件断于钢筋母材，呈延性断裂，其抗拉强度大于或等于钢筋母材抗拉强度标准值；另一试件断于焊缝，呈脆性断裂，其抗拉强度小于钢筋母材抗拉强度标准值的1.0倍

C. 1个试件断于钢筋母材，呈延性断裂，其抗拉强度大于或等于钢筋母材抗拉强度标准值；另2个试件断于焊缝或热影响区，呈脆性断裂

D. 3个试件均断于焊缝，呈脆性断裂，其抗拉强度均大于或等于钢筋母材抗拉强度标准值的1.0倍

【答案】A

解析：2个试件断于钢筋母材，呈延性断裂，其抗拉强度大于或等于钢筋母材抗拉强度标准值；另一试件断于焊缝，呈脆性断裂，其抗拉强度大于或等于钢筋母材抗拉强度标准值的1.0倍时，试验结果为合格，无须复验。

（5）牌号为HRB400E、直径28mm、接头等级为Ⅰ级的钢筋机械连接接头，其单向拉伸残余变形值应不大于（　　　）mm。

A. 0.08　　　　　　B. 0.10　　　　　　C. 0.12　　　　　　D. 0.14

【答案】B

解析：根据《钢筋机械连接技术规程》（JGJ 107—2016）中3.0.7的规定，接头等级为Ⅰ级，钢筋直径 $d \leq 32$mm 时，单向拉伸残余变形值 $u_0 \leq 0.10$mm。

第三节　钢筋焊接网

一、钢筋焊接网的分类与标记

1. 钢筋焊接网的分类

钢筋焊接网（图2-1-11）按钢筋的牌号、公称直径、长度和间距分为定型钢筋焊接网和定制钢筋焊接网两种。

图 2-1-11　钢筋焊接网

2.钢筋焊接网的标记

（1）定型钢筋焊接网及标记。

①定型钢筋焊接网在两个方向上的钢筋牌号、公称直径、长度和间距可以不同,但同一方向上应采用同一牌号和公称直径的钢筋并具有相同的长度和间距。

②定型钢筋焊接网型号按纵向钢筋直径、横向钢筋的直径,符合规范规定的"间距"和"每延米面积"［具体见《钢筋混凝土用钢　第 3 部分:钢筋焊接网》（GB/T 1499.3—2022）附录 A］。

③定型钢筋焊接网应按下列内容次序标记:

焊接网型号-长度方向钢筋牌号×宽度方向钢筋牌号-网片长度（mm）×网片宽度（mm）

例如:A10-CRB550×CRB550-4800mm×2400mm。

（2）用于桥面、建筑的钢筋焊接网可参考《钢筋混凝土用钢　第 3 部分:钢筋焊接网》（GB/T 1499.3—2022）附录 B。

二、钢筋焊接网的技术要求

1.钢筋

（1）焊接网应采用符合《冷轧带肋钢筋》（GB/T 13788—2017）规定的 CRB550 冷带肋钢筋、CRB600H 高延性冷轧带肋钢筋和符合《钢筋混凝土用钢　第 1 部分:热轧光圆钢筋》（GB/T 1499.1—2017）规定的热光圆钢筋、《钢筋混凝土用钢　第 2 部分:热轧带肋钢筋》（GB/T 1499.2—2018）规定的热带肋钢筋。采用热轧带肋钢筋时,宜采用无纵肋的钢筋。经供需双方协议,并在合同中注明,也可采用其他牌号的钢筋。

（2）焊接网应采用公称直径 5~18mm 的钢筋。经供需双方协议,并在合同中注明,也可采用其他公称直径的钢筋。

（3）钢筋焊接网两个方向均为单根钢筋时,较细钢筋的公称直径不小于较粗钢筋公称直径的 0.6 倍。当纵向钢筋采用并筋时,纵向钢筋的公称直径不小于横向钢筋公称直径的 0.7

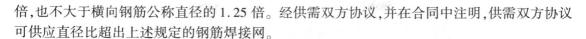

倍,也不大于横向钢筋公称直径的 1.25 倍。经供需双方协议,并在合同中注明,供需双方协议可供应直径比超出上述规定的钢筋焊接网。

2.制造

(1)钢筋焊接网应采用机械制造,两个方向钢筋的交叉点以电阻焊焊接。

(2)钢筋焊接网焊点开焊数量不应超过整张网片交叉点总数的 1%,并且任一根钢筋上开焊点不应超过该支钢筋上交叉点总数的一半。钢筋焊接网最外边钢筋上的交点不应开焊。

3.尺寸及允许偏差

(1)焊接网纵向钢筋间距宜为 50mm 的整倍数,横向钢筋间距宜为 25mm 的整倍数,最小间距宜采用 100mm,间距的允许偏差取 ±10mm 和规定间距的 ±5% 中的较大值。

(2)钢筋的伸出长度不宜小于 25mm。

(3)网片长度和宽度的允许偏差应取 ±25mm 和规定长度和宽度的 ±0.5% 的较大值。

(4)焊接网对角线差(焊接网最外边两个对角焊点连线之差)的允许偏差应为规定对角线的 ±0.5%。

(5)焊接网带肋钢筋的横肋高不应低于相应产品标准中规定值的 85%。

4.重量及允许偏差

焊接网的理论重量按组成钢筋公称直径和规定尺寸计算,计算时钢的密度采用 7.85g/cm³。焊接网实际重量与理论重量的允许偏差应为 ±4%。

5.性能要求

(1)焊接网钢筋的力学与工艺性能应分别符合相应标准中相应牌号钢筋的规定。

(2)焊接网焊点的抗剪力应不小于试样受拉钢筋规定屈服力值的 0.3 倍。

6.表面质量

焊接网表面不应有影响使用的缺陷。当性能符合要求时,钢筋表面浮锈和因矫直造成的钢筋表面轻微损伤不应作为拒收的理由。

三、钢筋焊接网的取样规则

钢筋焊接网的取样数量及取样方法按表 2-1-18 的规定确定。

钢筋焊接网的试验项目、取样数量及取样方法 表 2-1-18

序号	试验项目	试验数量	取样方法	试验方法
1	拉伸试验	2 个	GB/T 1499.3—2022/7	GB/T 1499.3—2022/7
2	弯曲试验	2 个	GB/T 1499.3—2022/7	GB/T 33365—2016/6
3	抗剪力试验	3 个	GB/T 1499.3—2022/7	GB/T 33365—2016/7
4	重量偏差	按 GB/T 1499.3—2022/7	GB/T 1499.3—2022/7	GB/T 1499.3—2022/7

四、钢筋焊接网检验与验收的基本规定

1. 组批规则

钢筋焊接网应按批进行检查验收,每批应由同一型号、同一原材料来源、同一生产设备并在同一连续时段内制造的钢筋焊接网组成,重量不大于60t。

2. 检验项目

除对开焊点数量进行检查外,每批钢筋焊接网均应按表2-1-18规定的试验项目进行检验。

职 业 能 力

五、常规检测参数试验方法及结果处理

1. 抗拉强度 R_m、屈服强度 R_{eL}、断后伸长率 A、最大力总伸长率 A_{gt}

（1）检查样品是否符合试验检测要求

检查样品是否严重锈蚀,是否有影响检测的缺陷。

轻轻敲击焊点,检查虚焊点数;测量纵横向钢筋的直径是否和样品委托信息一致。性能符合要求时,钢筋表面浮锈和因矫直造成的钢筋表面轻微损伤不应作为拒收的理由。试验前应确认样品的外观、尺寸、牌号、规格、数量等信息是否符合试验要求。

（2）识别、控制和记录试验检测环境

试验一般在室温10~35℃范围内进行,对温度要求严格的试验,试验温度应为23℃±5℃。

试验前检查环境温度是否符合规范要求,不在要求范围的需进行温度调控。待环境温度稳定并符合要求后,将样品放置合理时间,样品温度和室内温度一致后方可进行试验。试样前记录环境温湿度。

（3）仪器设备要求

根据样品规格选择合适量程和精度(精度等级至少应为1.0级)的拉力试验机;确认仪器设备是否在有效检定日期内;检查试验机各部件及电源是否正常。

开机选择正确的试验程序,检查测试软件控制步骤是否正确。

（4）试样的选取与制备

钢筋焊接网试样均应从成品网片上截取,试样所包含的交叉点不应开焊且截取试样的时候不应损伤焊点。除去掉多余的部分以外,试样不得进行其他加工。

拉伸试样(图2-1-12):应沿焊接网两个方向各截取一个试样,每个试样至少有一个交叉点,截取的试样应及时标记区分。试验长度应足够,以保证夹具之间的距离不小于20倍试验公称直径或180mm(取二者中的较大者)。对于并筋,非受拉钢筋应在离交叉焊点约20mm处切断。拉伸试样上的横向钢筋宜距交叉点约25mm处切断。

（5）试验/工作方法

试验应按《钢筋混凝土用钢筋焊接网　试验方法》（GB/T 33365—2016）的规定执行。测试抗拉强度 R_m、屈服强度 R_{eL} 时，应按《金属材料　拉伸试验　第1部分：室温试验方法》（GB/T 228.1—2021）的规定选择试验速率，同钢筋原材，这里不再赘述。钢筋焊接网拉伸试验如图 2-1-13 所示。

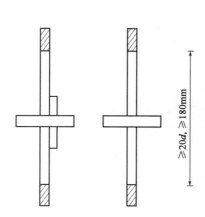 

图 2-1-12　钢筋焊接网拉伸试验用试样示意图　　图 2-1-13　钢筋焊接网拉伸试验

有以下几点需要注意：

①原始标距标记：采用《钢筋混凝土用钢筋焊接网　试验方法》（GB/T 33365—2016）的人工方法测定断裂伸长率 A 和最大力总延伸率 A_{gt}，用标点机对试样进行原始标距标点时，为了更平稳准确地标记，可以在受拉钢筋下面和非受拉钢筋平行方向垫两根同直径的短钢筋。

②选择合适夹具夹持试样，确保试样受轴向拉力的作用，并尽量减少弯曲。同时，确保试样在试验过程中的相对稳定。

③断后伸长率的测定应符合以下要求：

应将试样断裂的部分仔细地拼接在一起，使其轴线处于同一直线上并使试样断裂部分紧密接触后测量。

只有断裂处与最接近的标距标记的距离不小于原始标距的三分之一方为有效。如果断裂发生在夹持处及距夹持部分 20mm 以内，则试验判定无效。但断后伸长率 A 大于或等于规定值时，不管断裂位置处于何处测量均为有效。

用引伸计测定断裂延伸，断裂发生在引伸计范围以内方为有效。但断后伸长率 A 大于或等于规定值时，不管断裂位置处于何处测量均为有效。

④最大力总延伸率 A_{gt} 的测定，除采用《钢筋混凝土用钢筋焊接网　试验方法》（GB/T 33365—2016）的有关试验方法外，也可按相应产品标准规定的试验方法。可采用引伸计得到的力-延伸曲线图上测定最大力总延伸率 A_{gt}，也可采用《钢筋混凝土用钢筋焊接网　试验方法》（GB/T 33365—2016）中规定的人工方法进行测定。发生异议时，应采用人工法进行仲裁。

（6）规范填写试验检测原始记录表，完整准确记录原始数据

应完整记录试验环境温度、样品的规格、牌号、编号、抗拉强度 R_m、屈服强度 R_eL、断后伸长率 A、最大力总伸长率 A_gt 的测试结果以及试验机的名称、型号、编号等信息。

（7）处理（计算、修约、分析、判断等）试验检测数据

钢筋焊接网的抗拉强度 R_m、屈服强度 R_eL、断后伸长率 A、最大力总伸长率 A_gt 应按照《金属材料　拉伸试验　第 1 部分：室温试验方法》（GB/T 228.1—2021）中的计算方式进行计算；结果修约应按照《冶金技术标准的数值修约与检测数值的判定》（YB/T 081—2013）的修约方式进行修约，并按照《钢筋混凝土用钢　第 3 部分：钢筋焊接网》（GB/T 1499.3—2022）中规定的技术要求进行判定。

（8）规范出具试验检测报告

试验检测报告应给出钢筋焊接网抗拉强度 R_m、屈服强度 R_eL、断后伸长率 A、最大力总伸长率 A_gt 修约后的试验结果及判定结论、试验方法标准与判定标准等信息。

2.弯曲性能

（1）检查样品是否符合试验检测要求

试验前应从整个钢筋焊接网上切取弯曲试样（图 2-1-14）：应沿钢筋网两个方向各截取一个弯曲试样，试样应保证试验时受弯曲部位离开交叉焊点至少 25mm。

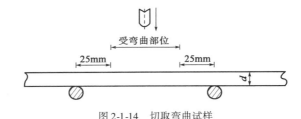

图 2-1-14　切取弯曲试样

（2）识别、控制和记录试验检测环境

弯曲试验无特殊环境温度要求，一般为 10～35℃，对温度要求严格的试验温度为 23℃±5℃。

（3）仪器设备要求

弯曲试验机：弯曲试验应采用弯曲试验机，或采用万能试验机与支辊式弯曲装置配合完成。

确认仪器设备是否在有效检定日期内。检查试验机各部件及电源是否一切正常。

（4）试验/工作方法

弯曲试验方法应按照《钢筋混凝土用钢筋焊接网　试验方法》（GB/T 33365—2016）执行。

（5）规范填写试验检测原始记录表，完整准确记录原始数据

原始记录表应完整记录试验环境温度、试样规格、牌号、编号、弯心直径、支辊间距、弯曲试验结果（弯曲外表面有无可见裂纹产生）以及试验设备名称、型号、编号等信息。

（6）处理（计算、修约、分析、判断等）试验检测数据

试验结果应按照《钢筋混凝土用钢　第 3 部分：钢筋焊接网》（GB/T 1499.3—2022）中规定的技术要求进行判定。

（7）规范出具试验检测报告

试验检测报告应给出弯曲结果（弯曲外表面有无可见裂纹产生）。

3.抗剪力

（1）检查样品是否符合试验检测要求

试验前应从整个钢筋焊接网上切取抗剪试样（图 2-1-15）：应沿同一横向钢筋随机截取 3 个试样。钢筋网两个方向均为单根钢筋时，较粗钢筋为受拉钢筋；对于并筋，其中之一为受拉钢筋，另一支非受拉钢筋应在交叉焊点处切断，但不应损伤受拉钢筋焊点。

图 2-1-15　钢筋焊接网抗剪力试验

抗剪试样上的横向钢筋应在距交叉点不小于 25mm 之处切断。

（2）识别、控制和记录试验检测环境

抗剪力试验无特殊环境温度要求，一般为 10～35℃，对温度要求严格的试验温度为 23℃±5℃。

（3）仪器设备要求

试验机应按照规定进行检验，并在检定有效日期内，固定试样的夹具见《钢筋混凝土用钢筋焊接网　试验方法》（GB/T 33365—2016）附录 B，应采用所示三种类型之一。

（4）试验/工作方法

钢筋焊接网抗剪力试验应按照《钢筋混凝土用钢筋焊接网　试验方法》（GB/T 33365—2016）的规定执行。

（5）规范填写试验检测原始记录表，完整准确记录原始数据

原始记录表应完整记录试验环境温度、试样规格、牌号、编号、焊点抗剪力单个值及平均值的计算结果，以及试验设备名称、型号、编号等信息。

（6）处理（计算、修约、分析、判断等）试验检测数据

焊点的抗剪力由拉力试验机测得，小数点保留位数应与试验机分辨率相同；结果应按照《钢筋混凝土用钢　第 3 部分：钢筋焊接网》（GB/T 1499.3—2022）中规定的技术要求进行判定。

（7）规范出具试验检测报告

试验检测报告应给出焊点抗剪力三个试样的平均值以及所用夹具的类型。

练习题

1. [单选]钢筋焊接网焊点的抗剪力应不小于试样钢筋规定屈服力值的(　　)倍。

  A.1　　　　　　　　B.0.3　　　　　　　　C.0.7　　　　　　　　D.0.5

【答案】B

解析:根据《钢筋混凝土用钢　第3部分:钢筋焊接网》(GB/T 1499.3—2022)中6.5.2的规定,焊接网焊点的抗剪力应不小于试样受拉钢筋规定屈服力值的0.3倍。

2. [判断]焊接网两个方向均为单根钢筋时,较细钢筋的公称直径应不小于较粗钢筋的0.5倍。(　　)

【答案】×

解析:根据《钢筋混凝土用钢　第3部分:钢筋焊接网》(GB/T 1499.3—2022)中6.1.3的规定,钢筋焊接网两个方均为单根钢时,较细钢筋的公称直径不小于较粗钢筋的公称直径的0.6倍。

3. [多选]关于钢筋焊接网尺寸及允许偏差的规定,下面说法正确的有(　　)。

  A.钢筋的伸出长度不宜小于25mm

  B.网片长度和宽度的允许偏差应取±20mm和规定长度及宽度的±1.0%的较大值

  C.焊接网对角线差(焊接网最外边两个对角焊点连线之差)的允许偏差应为规定对角线的±0.5%

  D.焊接网带肋钢筋的横肋高不应低于相应产品标准中规定值的85%

【答案】ACD

解析:网片长度和宽度的允许偏差应取±25mm和规定长度及宽度的±0.5%的较大值。

4. [综合]钢筋焊接网是纵向钢筋和横向钢筋分别以一定的间距排列且互成直角、全部交叉点均焊接在一起的网片。主要应用于市政桥梁和公路桥梁的桥面铺装、旧桥面改造、桥墩防裂等。通过了解钢筋焊接网的试验检测知识,请回答以下问题。

(1)弯曲试验试样应从两个不同方向各截取(　　)个,受弯曲部位离开交叉焊点至少(　　)mm。

  A.1,10　　　　　　　B.2,25　　　　　　　C.1,25　　　　　　　D.2,10

【答案】C

解析:根据《钢筋混凝土用钢　第3部分:钢筋焊接网》(GB/T 1499.3—2022)中7.1.3的规定,焊接网弯曲试验试样应从两个不同方向各截取1个,受弯曲部位离开交叉焊点至少25mm。

(2)焊接网实际重量与理论重量的允许偏差为(　　)。

  A.±3%　　　　　　　B.±4%　　　　　　　C.±5%　　　　　　　D.±6%

【答案】B

解析:根据《钢筋混凝土用钢　第3部分:钢筋焊接网》(GB/T 1499.3—2022)中6.4.2的规定,焊接网实际重量与理论重量的允许偏差应为±4%。

(3)钢筋焊接网应按批进行检查验收,每批应由同一型号、同一原材料来源、同一生产设备并在同一连续时段内制造的钢筋焊接网组成,重量不大于(　　)t。

A. 30   B. 40   C. 50   D. 60

【答案】D

  解析:根据《钢筋混凝土用钢　第 3 部分:钢筋焊接网》(GB/T 1499.3—2022)中 8.2.1 的规定,钢筋焊接网的组批验收规则为每批重量不大于 60t。

  (4)焊接网纵向钢筋间距宜为(　　　　)mm 的整数倍,横向钢筋间距宜为(　　　　)mm 的整数倍。

  A. 25,50   B. 50,25   C. 50,100   D. 100,50

【答案】B

  解析:根据《钢筋混凝土用钢　第 3 部分:钢筋焊接网》(GB/T 1499.3—2022)中 6.3.1 的规定,焊接网纵向钢筋间距宜为 50mm 的整倍数,横向钢筋间距宜为 25mm 的整倍数。

  (5)制取抗剪力试验的试样时,横向钢筋应距交叉点不小于(　　　　)mm 之处切断。

  A. 10   B. 15   C. 20   D. 25

【答案】B

  解析:根据《钢筋混凝土用钢　第 3 部分:钢筋焊接网》(GB/T 1499.3—2022)中 7.1.4 的规定,抗剪力试验用试样上的横向钢筋应距交叉点不小于 25mm 之处切断。

第二章 预应力混凝土用钢材 及锚具、夹具、连接器

第一节 预应力混凝土用钢材

一、预应力混凝土用钢材的种类

预应力混凝土用钢材有：钢丝、钢绞线、螺纹钢筋等几类。

二、预应力混凝土用钢绞线的分类与代号、标记

钢绞线按结构分为以下 9 类，结构代号分别为：

(1)用两根冷拉光圆钢丝捻制成的标准型钢绞线 1×2

(2)用三根冷拉光圆钢丝捻制成的标准型钢绞线 1×3

(3)用三根含有刻痕钢丝捻制的刻痕钢绞线 $1 \times 3I$

(4)用七根冷拉光圆钢丝捻制成的标准型钢绞线 1×7

(5)用六根含有刻痕钢丝和一根冷拉光圆中心钢丝捻制成的刻痕钢绞线 $1 \times 7I$

(6)用六根含有螺旋肋钢丝和一根冷拉光圆中心钢丝捻制成的螺旋肋钢绞线 $1 \times 7H$

(7)用七根冷拉光圆钢丝捻制后再经冷拔成的模拔型钢绞线 $(1 \times 7)C$

(8)用十九根冷拉光圆钢丝捻制成的 $1 + 9 + 9$ 西鲁式钢绞线 $1 \times 19S$

(9)用十九根冷拉光圆钢丝捻制成的 $1 + 6 + 6/6$ 瓦林吞式钢绞线 $1 \times 19W$

钢绞线的标记应按照《预应力混凝土用钢绞线》(GB/T 5224—2023)的要求。应包含内容有：预应力钢绞线、结构代号、公称直径、强度级别、标准编号。

例 2-2-1 公称直径为 15.20mm，抗拉强度为 1860MPa 的用七根冷拉光圆钢丝捻制成的标准型钢绞线标记为：

预应力钢绞线 1×7-15.20-1860-GB/T 5224—2023

例 2-2-2 公称直径为 8.70mm，抗拉强度为 1860MPa 的用三根含有刻痕钢丝捻制成的刻痕钢绞线标记为：

预应力钢绞线 $1 \times 3I$-8.70-1860-GB/T 5224—2023

三、预应力混凝土用钢绞线的技术要求与检验规则

预应力混凝土用钢绞线的技术要求主要包括：制造、力学性能。

1. 钢绞线的制造

钢绞线的制造应满足以下几点要求：

（1）宜选用符合《预应力钢丝及钢绞线用热轧盘条》（GB/T 24238—2017）或《制丝用非合金钢盘条　第2部分：一般用途盘条》（GB/T 24242.2—2020）、《制丝用非合金钢盘条　第4部分：特殊用途盘条》（GB/T 24242.4—2020）规定的牌号制造；也可用其他牌号制造，生产厂不提供化学成分。

（2）应以热轧盘条为原料，经冷拔后捻制而成。捻制后进行稳定化处理。捻制刻痕钢绞线的钢丝应符合《预应力混凝土用钢丝》（GB/T 5223—2014）中相关条款的规定，钢绞线公称直径≤12mm时，刻痕深度为 0.06mm ± 0.03mm；钢绞线公称直径 > 12mm 时，刻痕深度为 0.07mm ± 0.03mm。

（3）1×2、1×3 结构钢绞线的捻距应为钢绞线公称直径的 12~22 倍；1×7 结构钢绞线的捻距应为钢绞线公称直径的 12~16 倍；模拔钢绞线的捻距应为钢绞线公称直径的 14~18 倍；1×19 结构钢绞线的捻距应为钢绞线公称直径的 10~16 倍。

（4）钢绞线内不得有折断、横裂和相互交叉的钢丝。

（5）合同或产品说明书中应注明钢绞线捻向。左捻为 S，右捻为 Z。

（6）成品钢绞线应用砂轮锯切割，切断后不应松散；如离开原来的位置，可用手复原到原位。

（7）1×2、1×3、1×3I 成品钢绞线不应有焊接点，其他钢绞线只保留拉拔前的焊接点，且在每 45m 内只允许有一个拉拔前的焊接点。

2. 力学性能

力学性能包括：拉伸性能（最大力 F_m、0.2% 屈服力 $F_{p0.2}$、最大力总伸长率 A_{gt}、弹性模量 E）、应力松弛性能。

钢绞线的最大力 F_m、0.2% 屈服力 $F_{p0.2}$ 的技术要求根据产品的代号与标记而定。

最大力总伸长率 A_{gt} 对所有规格的钢绞线要求为不低于 3.5%。

钢绞线弹性模量 E 应为（195±10）GPa，可不作为交货条件。当需方要求时，应满足该范围值。

0.2% 屈服力 $F_{p0.2}$ 的值应为整根钢绞线实际最大力 F_{ma} 的 88%~95%。

当初始负荷为实际最大力 F_{ma} 的 70% 时，1000h 应力松弛率不大于 2.5%；当初始负荷为实际最大力的 80% 时，1000h 应力松弛率不大于 4.5%。如无特殊要求，只进行初始力为实际最大力 F_{ma} 的 70% 的应力松弛试验。允许使用推算法进行 120h 松弛试验确定 1000h 松弛率。用于矿山支护的 1×19 结构的钢绞线松弛率做作要求。按《预应力混凝土用钢材试验方法》（GB/T 21839—2019）进行力学性能试验。

钢绞线的检验分为交货检验和特征值检验。

（1）交货检验

①检查和验收：产品的工厂检查由供方质量检验部门进行检验。常规检验项目和取样数量应符合表 2-2-1 的规定。

供方出厂常规检验项目和取样数量   表 2-2-1

序号	检验项目	取样数量	取样部位	试验方法
1	整根钢绞线最拉力	3 根/批		GB/T 5224—2023/8.4.2
2	0.2% 屈服力	3 根/批		GB/T 5224—2023/8.4.3
3	最大力总伸长率	3 根/批	在每(任)盘卷中 任意一端截取	GB/T 5224—2023/8.4.4
4[①]	弹性模量	3 根/批		GB/T 5224—2023/8.4.5
5[②]	应力松弛性能	不小于 1 根/合同批		GB/T 5224—2023/8.7

注:①当需方要求时测定。
　　②在特殊情况下,松弛试验可以由工厂连续检验提供同一原料、同一生产工艺的数据所代替。

②组批规则:钢绞线应成批检查和验收,每批钢绞线由同一牌号、同一直径、同一生产工艺捻制的钢绞线组成,每批重量不大于 100t。

③复验与判定规则:当某一项检验结果不符合本标准相应规定时,则该盘卷不得交货。并从同一批未经试验的钢绞线盘卷中取双倍数量的试样进行该不合格项目的复验,复验结果即使有一个试样不合格,则整批钢绞线不得交货,或进行逐盘检验合格者交货。

（2）特征值检验

特征值检验适用于下列情况:

①供方对产品质量控制的检验;

②需方提出要求,经供需双方协商一致的检验;

③第三方产品认证及仲裁检验。

每批取样和检验数量,应从不同卷钢绞线上取 15 个试样(如适用时为 60 个试样)进行拉力试验。120h 松弛试验取 2 个试样。

四、预应力混凝土用钢丝的分类、代号及标记

钢丝按加工状态分为冷拉钢丝和消除应力钢丝两类。其代号为:冷拉钢丝 WCD 和低松弛(消除应力)钢丝 WLR。

钢丝按外形分为光圆、螺旋肋、刻痕三种,其代号为:光圆钢丝 P;螺旋肋钢丝 H;刻痕钢丝 I。

标记内容应按《预应力混凝土用钢丝》(GB/T 5223—2014)标准交货的产品标记,应包含下列内容:

预应力钢丝、公称直径、抗拉强度等级、加工状态代号、外形代号、标准编号。

例 2-2-3　直径为 4.00mm,抗拉强度为 1670MPa 冷拉光圆钢丝,其标记为:

预应力钢丝　4.00-1670-WCD-P-GB/T 5223—2014

例 2-2-4　直径为 7.00mm,抗拉强度为 1570MPa 低松弛的螺旋肋钢丝,其标记为:

预应力钢丝　7.00-1570-WLR-H-GB/T 5223—2014

五、预应力混凝土用钢丝的技术要求与检验规则

1. 技术要求

预应力混凝土用钢丝主要技术要求包括:最大力 F_m、0.2% 屈服力 $F_{p0.2}$、最大力总伸长率

A_{gt}、弹性模量 E、弯曲、反复弯曲性能、应力松弛性能、断面收缩率、扭转等。主要技术要求如下：

（1）成品钢丝不得存在电焊接头，在生产时为了连续作业而焊接的电焊接头，应切除掉。

（2）压力管道用无涂（镀）层冷拉钢丝的0.2%屈服力 $F_{p0.2}$ 应不小于最大力的特征值 F_m 的75%。

（3）消除应力的光圆及螺旋肋钢丝的0.2%屈服力 $F_{p0.2}$ 应不小于最大力的特征值 F_m 的88%。

（4）所有规格消除应力的刻痕钢丝，其弯曲次数均应不小于3次。

（5）对公称直径大于10mm钢丝进行弯曲试验。在芯轴直径 $D=10d_n$ 条件下，试样弯曲180°后弯曲处应无裂纹。

（6）钢丝弹性模量为（205±10）GPa，但不作为交货条件。当需方要求时，应满足该范围值。

压力管道用无（涂）镀层冷拉钢丝的力学性能包括：最大力 F_m、0.2%屈服力 $F_{p0.2}$、每210mm扭矩的扭转次数、断面收缩率、应力松弛性能。

消除应力光圆及螺旋类钢丝力学性能包括：最大力 F_m、0.2%屈服力 $F_{p0.2}$、最大力总伸长率 A_{gt}、反复弯曲（公称直径小于10mm，大于10mm不做）、应力松弛。

2. 检验规则

钢丝的检验分为特征值检验和交货检验。

（1）交货检验

①产品的工厂检查由供方质量检验部门按表2-2-1进行，需方可按《预应力混凝土用钢丝》（GB/T 5223—2014）进行检查验收。

②组批规则：钢丝应成批检查和验收每批钢丝由同一牌号、同一规格、同一加工状态的钢丝组成，每批质量不大于60t。

③不同品种钢丝的检验项目，取样数量，取样部位、检验方法应符合表2-2-1的规定。

（2）特征值检验

特征值检验适用于下列情况：

①供方对产品质量控制的检验。

②需方提出要求，经供需双方协商一致的检验。

③第三方产品认证及仲裁检验。特征值检验应按《预应力混凝土用钢丝》（GB/T 5223—2014）附录B规则进行。

六、预应力混凝土用螺纹钢筋的强度等级代号

预应力混凝土用螺纹钢筋以屈服强度划分级别，其代号为"PSB"加上规定屈服强度最小值表示。

例如：PSB830表示屈服强度最小值为830MPa的钢筋。分别有PSB785、PSB830、PSB930、PSB1080、PSB1200五种类别。

七、预应力混凝土用螺纹钢筋的技术要求与检验规则

预应力混凝土用螺纹钢筋的力学性能技术要求包括：屈服强度 R_{eL}、抗拉强度 R_m、断后伸长率 A、最大力总伸长率 A_{gt}、应力松弛性能，其技术要求如表 2-2-2 所示。

预应力混凝土用螺纹钢筋力学性能技术要求　　　　表 2-2-2

级别	屈服强度 R_{eL}(MPa)	抗拉强度 R_m(MPa)	断后伸长率 A(%)	最大力总伸长率 A_{gt}(%)	应力松弛性能	
					初始应力	1000h 后应力松弛率 V_r(%)
	不小于					
PSB785	785	980	8	3.5	$0.7R_m$	≤4.0
PSB830	830	1030	7			
PSB930	930	1080	7			
PSB1080	1080	1230	6			
PSB1200	1200	1330	6			

注：无明显屈服时，用规定非比例延伸强度 $R_{p0.2}$ 代替屈服强度 R_{eL}。

八、预应力混凝土用钢绞线、钢丝、螺纹钢筋的取样规则

（1）预应力混凝土用钢绞线的常规检验项目及取样规则按照表 2-2-1 的要求。

（2）预应力混凝土用螺纹钢筋的常规检验项目及取样规则按照表 2-2-3 的要求。

预应力混凝土用螺纹钢筋的取样规则　　　　表 2-2-3

序号	检验项目	取样数量	取样方法	试验方法
1	拉伸	2 个	任选两根钢筋	GB/T 20065—2016/8.2、GB/T 28900—2022/6
2	松弛	1 个/1000t	任选一根钢筋	GB/T 20065—2016/8.3、GB/T 21839—2019/10

（3）预应力混凝土用钢丝的常规检验项目及取样规则按照表 2-2-4 的要求。

预应力混凝土用钢丝的取样规则　　　　表 2-2-4

序号	检验项目	取样数量	取样部位	检验方法
1	最大力	3 根/批	在每(任一)盘中任意一端截取	GB/T 5223—2014/8.4.1
2	0.2% 屈服力 $F_{p0.2}$			GB/T 5223—2014/8.4.2
3	最大力总伸长率			GB/T 5223—2014/8.4.3
4	断面收缩率			GB/T 5223—2014/8.4.4
5	反复弯曲			GB/T 5223—2014/8.5
6	弯曲			GB/T 5223—2014/8.6
7	扭转			GB/T 5223—2014/8.7

续上表

序号	检验项目	取样数量	取样部位	检验方法
8[①]	弹性模量			GB/T 5223—2014/8.4.5
9[②]	应力松弛性能	不少于1根/合同批		GB/T 5223—2014/8.9

注：①当需要要求时测定。
　　②合同批为一个订货合同的总量。在特殊情况下，松弛试验可以由工厂连续检验提供同一种原料、同一生产工艺的数据所代替。

职 业 能 力

九、常规检测参数试验方法及结果处理

1. 最大力 F_m、最大力总延伸率 A_{gt}、0.2% 屈服力 $F_{p0.2}$、断面收缩率 Z、弹性模量 E

（1）检查样品是否符合试验检测要求

试验前应确认样品的外观、尺寸、牌号、规格、数量等信息是否符合试验要求。

（2）识别、控制和记录试验检测环境

预应力用钢材最大力 F_m、最大力总延伸率 A_{gt}、0.2% 屈服力 $F_{p0.2}$、断面收缩率 Z、弹性模量 E 的测定应按照《金属材料　拉伸试验　第 1 部分：室温试验方法》（GB/T 228.1—2021）进行，试验温度为 10～35℃，温度要求严格时应为 23℃ ±5℃。试验时应观测调整试验温度，并保证试验过程中温度无较大波动。

（3）仪器设备要求

①微机控制电液伺服万能试验机：精度等级应至少为 1.0 级，应具有足够的量程和试验速率控制系统（位移控制或应力控制），以测定最大力 F_m、0.2% 屈服力 $F_{p0.2}$。

②电子引伸计：应有足够的量程和测量精度（至少为 1.0 级），测量最大力总延伸率 A_{gt} 和弹性模量 E。

③数显卡尺：应具有足够的量程和分辨率，测量接头拉断后的标距，以测量试验前样品的直径和拉伸试验断裂后样品断口处的直径，以计算预应力钢材断面收缩率 Z。

（4）试验/工作方法

试验方法应按照《金属材料　拉伸试验　第 1 部分：室温试验方法》（GB/T 228.1—2021）及《预应力混凝土用钢材试验方法》（GB/T 21839—2019）执行。预应力混凝土用钢绞线拉伸试验如图 2-2-1 所示。

（5）规范填写试验检测原始记录 $F_{p0.2}$ 表，完整准确记录原始数据

试验检测原始记录表应记录试验环境温度、样品的规格、牌号、数量、样品编号、最大力 F_m、最大力总延伸率 A_{gt}、0.2% 屈服力、断面收缩率 Z、弹性模量 E 的测试结果。

图 2-2-1　钢绞线拉伸试验

（6）处理（计算、修约、分析、判断等）试验检测数据

最大力 F_m、最大力总延伸率 A_{gt}、0.2%屈服力 $F_{p0.2}$、断面收缩率 Z、弹性模量 E 应由试验机测试软件读出或经过计算得出，结果修约应按照《冶金技术标准的数值修约与检测数值的判定》（YB/T 081—2013）进行修约，并按照相关产品标准技术要求进行判定。

（7）规范出具试验检测报告

检测报告应体现出样品的数量、编号、规格、牌号、直径以及最大力 F_m、最大力总延伸率 A_{gt}、0.2%屈服力 $F_{p0.2}$、断面收缩率 Z、弹性模量 E 的测试结果（修约后）。根据相关产品标准技术要求合理给出检测结论。

2. 松弛率

（1）检查样品是否符合试验检测要求

应进行等温松弛试验测试松弛率，试验前应确认样品的外观、尺寸、牌号、规格、数量等信息是否符合试验要求。

（2）识别、控制和记录试验检测环境

等温松弛试验要求试验环境温度为：20℃±2℃，在整个试验过程中应保证试验环境温度变化在要求范围内。

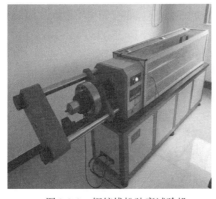

图 2-2-2　钢绞线松弛率试验机

（3）仪器设备要求

设备要求：松弛试验机，准确度应为 1.0 级或优于 1.0 级。

（4）试验/工作方法

等温松弛试验应按照《预应力混凝土用钢材试验方法》（GB/T 21839—2019）的规定执行，试验用松弛率试验机如图 2-2-2 所示。

（5）规范填写试验检测原始记录表，完整准确记录原始数据

试验检测原始记录表应记录试验环境温度、样品的规格、牌号、数量、样品编号、测试时间以及松弛率的测试结果。

（6）处理（计算、修约、分析、判断等）试验检测数据

松弛率的计算、结果修约及判定应按照相关产品标准的技术要求。

（7）规范出具试验检测报告

试验检测报告应给出松弛率的计算结果，包括测试样品的规格、牌号、数量、编号、温度以及松弛试验曲线。

3. 弯曲

（1）检查样品是否符合试验检测要求

对公称直径 d_n 大于 10mm 的预应力钢丝应进行弯曲试验。试验前应确认样品的外观、尺寸、牌号、规格、数量等信息是否符合试验要求。

（2）识别、控制和记录试验检测环境

弯曲试验环境温度无特殊要求，一般为 10～35℃。

（3）仪器设备要求

弯曲试验设备外形构造如图 2-2-3 所示。可以是芯轴 1 和支撑 2 旋转，支座 3 被固定；也可以是支座 3 旋转，支撑 2 或芯轴 1 被固定。

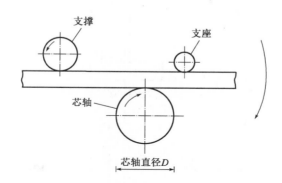

图 2-2-3　弯曲设备外形图

（4）试验/工作方法

试验应按照《预应力混凝土用钢材试验方法》（GB/T 21839—2019）的规定执行。

（5）规范填写试验检测原始记录表，完整准确记录原始数据

弯曲试验原始记录表应规范填写样品的规格、牌号、数量、设备名称、设备型号、设备编号、弯曲角度和弯曲结果等信息。

（6）处理（计算、修约、分析、判断等）试验检测数据

弯曲试验结果的判定应满足相关产品标准技术要求。

（7）规范出具试验检测报告

检测报告应给出弯曲试验结果（有无裂纹产生）和弯曲角度信息。

4. 反复弯曲

（1）检查样品是否符合试验检测要求

直径或特征尺寸为 $\phi 0.3 \sim \phi 10\text{mm}$ 的预应力钢丝应进行反复弯曲试验，试验前应检查样品的外观、尺寸、牌号、规格、数量等信息是否符合试验要求。线材试样应尽可能平直，在其弯曲平面内允许有轻微的弯曲。可以用手矫直或在硬度低于试验材料的平面上用相同材料的锤头矫直。

（2）识别、控制和记录试验检测环境

弯曲试验环境温度无特殊要求，一般为 $10 \sim 35℃$。

（3）仪器设备要求

试验设备应具有夹持装置，能够进行直径范围 $\phi 0.3 \sim \phi 10\text{mm}$ 的金属线材的反复弯曲试验；弯曲角度应为 $\pm 90°$，试验机原理及设备如图 2-2-4 所示。

（4）试验/工作方法

反复弯曲试验按《预应力混凝土用钢材试验方法》（GB/T 21839—2019）及《金属材料　线材　反复弯曲试验方法》（GB/T 238—2013）的规定执行。

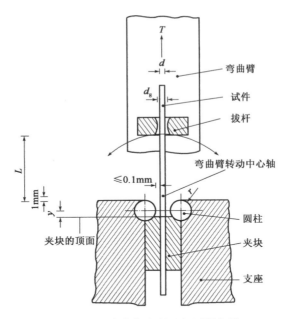

图 2-2-4　反复弯曲试验机原理及设备图

T-张紧力;*d*-圆形金属线材直径;*d*_g-拨杆孔直径;*L*-圆柱支辊顶部至拨杆底部距离;*y*-两圆柱支辊轴线所在平面至夹块顶面的距离;*r*-圆柱支辊半径

（5）规范填写试验检测原始记录表,完整准确记录原始数据

原始记录表应准确记录试样发生断裂或试样表面产生肉眼可见裂纹时的弯曲次数 *N*。

（6）处理（计算、修约、分析、判断等）试验检测数据

弯曲次数 *N* 应满足《预应力混凝土用钢丝》（GB/T 5223—2014）中规定的次数。

（7）规范出具试验检测报告

试验检测报告应给出试验结束时的弯曲次数 *N* 和弯曲半径、样品尺寸、牌号、规格、数量等信息。

5. 扭转

（1）检查样品是否符合试验检测要求

扭转试验是测定直径 $\phi 0.1 \sim \phi 14mm$ 的金属线材在单向扭转过程中所承受塑性变形能力的方法。试验前应确认样品的外观、尺寸、牌号、规格、数量等信息是否符合试验要求。

（2）识别、控制和记录试验检测环境

扭转试验无特殊环境要求,试验一般应在室温 10 ~ 35℃ 内进行,如有特殊要求,试验温度应为 23℃ ±5℃。

（3）仪器设备要求

试验设备为金属线材扭转试验机。试验机夹头中夹块齿面应相互平行,夹块硬度 ≥ 55HRC。对直径（或特征尺寸）为 10 ~ 14mm 钢线材,应根据不同的试样材质硬度选用合适硬度的夹块进行试验,一般推荐夹块的硬度高于试样硬度 20HRC 左右。

试验机自身不得妨碍由试样收缩所引起的夹头间长度的变化,试验机能够对试样施加适

当的拉紧力。试验期间,试验机的两个夹头应保持在同一轴线上,对试样不施加任何弯曲力。试验机的一个夹头应能绕试样轴线旋转,而另一个不得有任何转动,除非这种角度变形用以测定扭矩。

为了适应不同长度的试样,试验机夹头间的距离应可以调节和测量。

试验机的速度应能调节,并有自动记录扭转次数的装置,如图 2-2-5 所示。

图 2-2-5　金属线材扭转试验机

（4）试验/工作方法

扭转试验应按照《预应力混凝土用钢材试验方法》（GB/T 21839—2019）及《金属材料　线材　第 1 部分:单向扭转试验方法》（GB/T 239.1—2023）的规定进行。

（5）规范填写试验检测原始记录表,完整准确记录原始数据

原始记录表应记录试验环境温度、每 210mm 扭矩扭转次数、样品的尺寸、牌号、规格、数量、试验设备名称、型号、编号等信息。

（6）处理（计算、修约、分析、判断等）试验检测数据

扭转次数测试结果应符合《预应力混凝土用钢丝》（GB/T 5223—2014）中相应直径钢丝的规定。

（7）规范出具试验检测报告

试验检测报告应包括样品的尺寸、牌号、规格、数量、试样制备情况（矫直方法等）、试验条件（两夹头间标距长度、拉紧力、转速）和扭转次数测试结果。

练习题

1. [单选]金属材料线材单向扭转试验是指试样绕自身轴线向一个方向均匀旋转（　　）作为一次扭转至规定次数或试样断裂。

　　A. 270°　　　　　　　　B. 90°　　　　　　　　C. 180°　　　　　　　　D. 360°

【答案】D

解析:根据《金属材料　线材　第 1 部分:单向扭转试验方法》（GB/T 239.1—2023）中第 5 章的规定,试样绕自身轴线向一个方向均匀旋转 360°作为一次扭转,直至规定次数或至试样断裂。

2. [判断]预应力混凝土用螺纹钢筋公称横截面积是指包含螺纹的横截面积。（　　）

【答案】×

解析:根据《预应力混凝土用螺纹钢筋》（GB/T 20065—2016）中 3.2 的规定,横截面积指不含螺纹的钢筋截面面积。

3.[多选]关于不同结构钢绞线的捻距,下列说法正确的是(　　)。

A.1×2、1×3 结构钢绞线的捻距应为钢绞线公称直径的 12~22 倍

B.1×7 结构钢绞线的捻距应为钢绞线公称直径的 12~16 倍

C.模拔钢绞线的捻距应为钢绞线公称直径的 14~18 倍

D.1×19 结构钢绞线的捻距应为钢绞线公称直径的 10~16 倍

【答案】ABCD

解析:根据《预应力混凝土用钢绞线》(GB/T 5224—2023)中 7.1.5 的规定,以上 5 种钢绞线的捻距均正确。

4.[综合]预应力混凝土用钢材通常包含预应力混凝土用钢丝、钢绞线、螺纹钢筋几类,通常用于有预应力需求的混凝土结构中。通过预先施加张拉力,使混凝土结构在它所承受的荷载下保持在压缩状态,以提高混凝土的承载能力和抗震性能。通过了解预应力混凝土用钢材的试验检测知识,请回答以下问题。

(1)金属线材反复弯曲试验适用于直径或者特征尺寸为(　　)的金属线材。

A.0.5~10mm　　　B.0.3~10mm　　　C.0.1~5mm　　　D.0.2~6mm

【答案】B

解析:根据《金属材料　线材　反复弯曲试验方法》(GB/T 238—2013)中第 1 章的规定,金属线材反复弯曲试验适用于直径或者特征尺寸为 $\phi 0.3 \sim \phi 10mm$ 的预应力钢丝应进行反复弯曲试验。

(2)松弛是指在恒定长度下应力随时间而(　　)的现象。

A.不变　　　B.减小　　　C.先增大再减小　　　D.增大

【答案】B

解析:松弛是指在恒定长度下应力随时间而减小的现象。

(3)预应力用钢材弯曲试验温度为(　　)℃。

A.10~25　　　B.15~30　　　C.10~30　　　D.10~35

【答案】D

解析:弯曲试验环境温度无特殊要求,一般为 10~35℃。

(4)在进行钢绞线应力松弛试验时,要求试验温度为(　　),且在整个试验过程中应保证试验环境温度变化应在要求范围内。

A.20℃±2℃　　　B.20℃±5℃　　　C.23℃±2℃　　　D.23℃±5℃

【答案】A

解析:根据《预应力混凝土用钢材试验方法》(GB/T 21839—2019)中 10.4.6 的规定,等温松弛试验要求试验室温度及试样温度应保持在 20℃±2℃ 范围内。

(5)在进行钢绞线拉伸试验时,0.2% 屈服力 $F_{p0.2}$ 的值应为整根钢绞线实际最大力 F_{ma} 的(　　)。

A.80%~90%　　　B.85%~95%　　　C.88%~98%　　　D.88%~95%

【答案】D

解析:根据《预应力混凝土用钢绞线》(GB/T 5224—2023)中 7.2 的规定,0.2% 屈服力 $F_{p0.2}$ 的值应为整根钢绞线实际最大力 F_{ma} 的 88%~95%。

第二节　预应力混凝土用锚具、夹具、连接器

一、预应力混凝土用锚具、夹具、连接器的分类、代号

锚具是指预应力混凝土中所用的永久性锚固装置,是在后张法结构或构件中,为保持预应力筋的拉力并将其传递到混凝土内部的锚固工具,也称之为预应力锚具。安装在预应力筋端部,且可以张拉的锚具称为张拉端锚具;安装在预应力筋固定端端部,通常不用以张拉的锚具称为固定端锚具。

张拉端锚具根据锚固形式的不同可分为:用于张拉预应力钢绞线的夹片式锚具(YJM),用于张拉高强钢丝的钢制锥形锚(GZM),用于镦头后张拉高强钢丝的镦头锚(DM),用于张拉精轧螺纹钢筋的螺母(YGM),用于张拉多股平行钢丝束的冷铸镦头锚(LZM)等多种类型。交通运输行业标准《公路桥梁预应力钢绞线用锚具、夹具和连接器》(JT/T 329—2010)和国家标准《预应力筋用锚具、夹具和连接器》(GB/T 14370—2015)中对锚具、夹具、连接器的分类及代号分别见表 2-2-5 和表 2-2-6。

JT/T 329—2010 中锚具、夹片、连接器的分类及代号　　　　　　　表 2-2-5

分类名称			分类代号
锚具	张拉端锚具	圆锚张拉端锚具	YM
		扁锚张拉端锚具	YMB
	固定端锚具	固定端压花锚具 圆锚固定端压花锚具	YMH
		固定端压花锚具 扁锚固定端压花锚具	YMHB
		固定端挤压式锚具 圆锚固定端挤压式锚具	YMP
		固定端挤压式锚具 扁锚固定端挤压式锚具	YMPB
夹具			YJ
连接器			YMJ

GB/T 14370—2015 中锚具、夹具、连接器的分类及代号　　　　　　　表 2-2-6

分类代号		锚具	夹具	连接器
夹片式	圆形	YJM	YJJ	YJL
	扁形	BJM	BJJ	BJL
支承式	镦头	DTM	DTJ	DTL
	螺母	LMM	LMJ	LML
握裹式	挤压	JYM	—	JYL
	压花	YHM	—	—
组合式	冷铸	LZM	—	—
	热铸	RZM	—	—

锚具、夹具及连接器的标记由产品代号、预应力筋类型、预应力筋直径和预应力筋根数4部分组成。交通运输行业标准《公路桥梁预应力钢绞线用锚具、夹具和连接器》(JT/T 329—2010)的标记示例如下：

例2-2-5 预应力钢绞线的圆锚张拉端锚具，钢绞线直径为15.2mm，锚固根数为12根，标记为：YM15-12；

例2-2-6 预应力钢绞线的扁锚固定端挤压式锚具，钢绞线直径为15.2mm，锚固根数为5根，标记为：YMPB15-5；

例2-2-7 预应力钢绞线的圆锚连接器，钢绞线直径为15.2mm，锚固根数为7根，标记为：YMJ15-7。

国家标准《预应力筋用锚具、夹具和连接器》(GB/T 14370—2015)的标记示例如下：

例2-2-8 预应力钢绞线的圆形夹片式锚具，钢绞线直径为15.2mm，锚固根数为12根，标记为：YJM15-12；

例2-2-9 预应力钢绞线的用于固定端的挤压式锚具，钢绞线直径为12.7mm，锚固根数为12根，标记为：JYM13-12；

例2-2-10 预应力钢绞线的用于挤压式连接器，钢绞线直径为15.2mm，锚固根数为12根，标记为：JYL15-12。

二、预应力混凝土用锚具、夹具、连接器的使用性能

锚具的静载锚固性能、疲劳荷载性能、锚固区传力性能、低温锚固性能等应符合《预应力筋用锚具、夹具和连接器》(GB/T 14370—2015)或《公路桥梁预应力钢绞线用锚具、夹具和连接器》(JT/T 329—2010)的规定。

夹具的使用性能，即静载锚固性能应符合《预应力筋用锚具、夹具和连接器》(GB/T 14370—2015)或《公路桥梁预应力钢绞线用锚具、夹具和连接器》(JT/T 329—2010)的规定。

连接器的使用性能应与锚具相同。张拉后还需要放张和拆卸的连接器，还应满足夹具的静载锚固性能符合上述相关标准规定。

三、预应力混凝土用锚具、夹具、连接器的特点和作用

(1)锚具选用应根据预应力筋品种、锚固部位、条件以及张拉工艺确定。夹片式锚具不适用于预埋在混凝土中的固定端；压花锚具不可用于无黏结预应力钢绞线；承受低应力或动荷载的锚具应有防松装置。

(2)在承受动载荷时，预应力筋-锚具组装件除应满足静载锚固性能外，尚应满足循环次数为200万次的疲劳性能试验要求(供货方提供型式检验报告)。

(3)按照《公路桥梁预应力钢绞线用锚具、夹具和连接器》(JT/T 329—2010)规定，在抗震结构中，预应力筋-锚具组装件还应满足循环次数为50次的周期荷载试验(供货方提供型式检验报告)。

(4)采购的锚具应附有质量保证书和箱单。在质量保证书中应注明供方、需方、合同号、锚具品种、数量、各项指标检查结果和监督部门印记等。

四、预应力混凝土用锚具、夹具、连接器的使用要求

1.材料要求

产品所使用的材料应符合设计要求,并有机械性能和化学成分合格证书、质量保证书。材料进场后应进行验收试验,检验合格后方可使用;零件锻造毛坯应符合《钢质模锻件　通用技术条件》(GB/T 12361—2016)的规定。

锚下垫板的材料采用灰口铸铁时不应低于 HT200,并应符合《灰铸铁件》(GB/T 9439—2023)的规定;采用球墨铸铁时应符合《球墨铸铁件》(GB/T 1348—2019)的规定。

2.制造要求

(1)产品应按技术文件要求进行加工,切削加工件应符合 JB/T 5000.9—2007 的规定。螺纹的未注精度等级不宜低于《普通螺纹　公差》(GB/T 197—2018)中的 7H/8g。有特殊要求的螺纹,应符合技术文件的规定。

(2)机械加工零件上未注公差尺寸的公差等级不应低于《一般公差　未注公差的线性和角度尺寸的公差》(GB/T 1804—2000)中的 c 级。

(3)产品热处理加工应按技术文件要求进行,并应符合《钢件的正火与退火》(GB/T 16923—2008)或《钢件的淬火与回火》(GB/T 16924—2008)的规定。

(4)锚具夹具和连接器的零件表面宜做防锈处理,应优先使用对环境危害小的防锈处理工艺。锚下垫板和螺旋筋表面不应有影响其与混凝土黏结性能的油漆或油脂。

(5)产品装配应符合《重型机械通用技术条件　第 10 部分:装配》JB/T 5000.10—2007 的规定。

3.外观、尺寸及硬度要求

(1)产品的外观应符合技术文件的规定,全部产品不应出现裂纹;锚板和连接器体应进行表面磁粉探伤,并符合《重型机械通用技术条件　第 15 部分:锻钢件无损探伤》(JB/T 5000.15—2007)的规定。

(2)产品的尺寸及偏差应符合技术文件的规定。

(3)产品的硬度应符合技术文件的规定。

4.质量文件要求

锚具、夹具和连接器应有完整的设计文件、原材料的质量证明文件、制造批次记录、性能检验记录,该类文件应具有可追溯性。

5.锚具、夹具、连接器的其他使用要求

(1)锚具

①需要孔道灌浆的锚具或其附件上宜设置灌浆孔或排气孔。灌浆孔的孔位及孔径应满足灌浆工艺要求,且应有与灌浆管连接的构造。

②用于低应力可更换型拉索的锚具,应有防松、可更换的装置。

③体外预应力筋用锚具和拉索用锚具应有防腐蚀措施,且能符合结构的耐久性规定。

（2）夹具

①夹具应能重复使用。

②夹具应有可靠的自锚性能、良好的松锚性能。

③使用过程中，应能保证操作人员的安全。

6. 拉索用锚具和连接器

拉索用锚具和连接器的一般要求可参考本标准的相关规定执行或符合国家现行相关标准的规定。

五、预应力混凝土用锚具、夹具、连接器的基本性能与检验规则

预应力混凝土用锚具、夹具、连接器的基本性能，对于出厂检验，包括硬度、静载锚固性能；对于型式检验，依据《公路桥梁预应力钢绞线用锚具、夹具和连接器》（JT/T 329—2010），还应包括周期荷载性能。

《预应力筋用锚具、夹具和连接器》（GB/T 14370—2015）中规定的预应力混凝土用锚具、夹具、连接器产品的检验规则及检验项目见表 2-2-7；《公路桥梁预应力钢绞线用锚具、夹具和连接器》（JT/T 329—2010）中规定的预应力混凝土用锚具、夹具、连接器产品的检验规则及检验项目见表 2-2-8。

GB/T 14370—2015 中的检验项目及检验规则　　　　　　　　　　表 2-2-7

锚具、夹具和连接器类别	检验项目	出厂检验	型式检验	试验方法
锚具及永久留在混凝土结构或构件中的连接器	硬度	√	√	GB/T 14370—2015/7.2.3
	静载锚固性能	√	√	GB/T 14370—2015/7.3
夹具及张拉后将要放张和拆卸的连接器	硬度	√	√	GB/T 14370—2015/7.2.3
	静载锚固性能	√	√	GB/T 14370—2015/7.3

JT/T 329—2010 中的检验项目及检验规则　　　　　　　　　　表 2-2-8

检验项目	出厂检验	型式检验	试验方法
硬度	√	√	JT/T 329—2010/7.2.2
静载锚固性能	√	√	JT/T 329—2010/7.3
周期荷载性能	—	√	JT/T 329—2010/7.5

六、预应力混凝土用锚具、夹具、连接器的取样规则

1. 组批和抽样

出厂检验时，每批产品的数量是指同一种规格的产品，同一批原材料，用同一种工艺一次投料生产的数量，每个抽检组批不应超过 2000 件（套），并应符合下列规定。

（1）硬度（有硬度要求的零件）：抽样数量不应少于热处理每炉装炉量的 3% 且不应少于 6 件（套）；

（2）静载锚固性能，应在外观及硬度检验合格后的产品中按锚具、夹具或连接器的成套产品抽样，每批抽样数量为 3 个组装件的用量。

连续生产时,出厂检验可按月取样进行,并应符合下列规定。

(1)硬度(有硬度要求的零件):抽样数量不应少于月生产量的3%;

(2)静载锚固性能:同一规格锚具、夹具或连接器抽样数量每两月不应少于3个组装件的用量;

(3)上述检验结果如质量不稳定,应增加取样。

2.型式检验

对同一系列的产品,应按下列规定分组,并在每组中各选用一种规格的有代表性的产品进行型式检验:1～12孔为小规格组、13～19孔为中等规格组、20孔及以上为大规格组。锚具及永久留在混凝土结构或构件中的连接器的型式检验组批数量不应少于30件(套),抽样数量应符合下列规定。

(1)硬度(有硬度要求的产品):12件(套);

(2)静载锚固性能:3个组装件的用量。

夹具及张拉后将要放张和拆卸的连接器的型式检验组批数量不应少于12件(套),抽样数量应符合下列规定。

(1)硬度(有硬度要求的产品):6件(套);

(2)静载锚固性能:3个组装件的用量。

3.检验结果的判定

(1)出厂检验

①硬度:所有受检样品均应符合规定,如有1个零件不符合规定,应另取双倍数量的零件重新检验;如仍有1个零件不符合要求,则应对本批产品进行逐件检验,符合要求者判定该零件该性能合格。

②静载锚固性能:3个组装件中如有2个组装件不符合要求,应判定该批产品不合格;3个组装件中如有1个组装件不符合要求,应另取双倍数量的样品重做试验,如仍有不符合要求者,应判定该批产品出厂检验不合格。

(2)型式检验

周期荷载3个组装件中如有2个组装件不符合要求,应判定该批产品不合格;3个组装件中如有1个组装件不符合要求,应另取双倍数量的样品重做试验,如仍有不符合要求者,应判定该批产品不合格。

硬度、静载锚固性能、周期荷载性能中有任意一项不合格,则型式检验判为不合格。

<hr>

职 业 能 力

<hr>

七、常规检测参数试验方法及结果处理

(一)静载锚固性能(锚具效率系数 η_a、总伸长率 ε_{Tu})

1.检查样品是否符合试验检测要求

试验用锚具、夹具、连接器组装件和预应力筋应符合以下规定:

（1）试验用预应力筋

①试验用预应力钢材的力学性能应分别符合《预应力混凝土用钢丝》（GB/T 5223—2014）、《预应力混凝土用钢棒》（GB/T 5223.3—2017）、《预应力混凝土用钢绞线》（GB/T 5224—2023）和《预应力混凝土用螺纹钢筋》（GB/T 20065—2016）等的规定，试验用纤维增强复合材料筋的力学性能应符合《结构工程用纤维增强复合材料筋》（GB/T 26743—2011）或《纤维增强复合材料筋》（JG/T 351—2012）的规定，试验用其他预应力筋的力学性能应符合国家现行相关标准的规定。

②试验用预应力筋的直径公差应在受检锚具、夹具或连接器设计的匹配范围之内。

③应在预应力筋有代表性的部位取至少 6 根试件进行母材力学性能试验，试验结果应符合国家现行标准的规定，每根预应力筋的实测抗拉强度在相应的预应力筋标准中规定的等级划分均应与受检锚具、夹具或连接器的设计等级相同。

④试验用索体试件应在成品索体上直接截取，试件数量不应少于 3 根。

⑤已受损伤或者有接头的预应力筋不应用于组装件试验。

（2）试验用预应力筋-锚具、夹具或连接器组装件

①试验用的预应力筋锚具、夹具或连接器组装件由产品零件和预应力筋组装而成。

②试验用锚具、夹具或连接器应采用外观、尺寸和硬度检验合格的产品。组装时不应在锚固零件上添加或擦除影响锚固性能的介质。

③多根预应力筋的组装件中各根预应力筋应等长，平行、初应力均匀，其受力长度不应小于 3m。

④单根钢绞线的组装件及钢绞线母材力学性能试验用的试件，钢绞线的受力长度不应小于 0.8m；试验用其他单根预应力筋的组装件及母材力学性能试验用的试件，预应力筋的受力长度可按照试验设备及国家现行相关标准确定。

⑤静载锚固性能试验用拉索试件应保证索体的受力长度符合表 2-2-9 的规定，疲劳荷载性能试验用拉索试件索体的受力长度不应小于 3m。

索体的受力长度（mm）   表 2-2-9

索体的公称直径 d	索体的受力长度 L
≤100	≥30d
>100	≥3000

⑥对于预应力筋在被夹持部位不弯折的组装件（全部锚筋孔均与锚板底面垂直），各根预应力筋应平行受拉，侧面不应设置有碍受拉或与预应力筋产生摩擦的接触点；如预应力筋的被夹持部位与组装件的轴线有转向角度（锚筋孔与锚板底面不垂直或连接器的挤压头需倾斜安装等），应在设计转角处加装转向约束钢环，组装件受拉力时，该转向约束钢环与预应力筋之间不应发生相对滑动。

2. 识别、控制和记录试验检测环境

静载锚固性能试验无特殊环境要求时，建议在 16～26℃ 范围内进行。

3. 仪器设备要求

（1）静载锚固试验机由主机框架、空心液压缸、空心负荷传感器、液压站、微机测量系统、

附件(锚板等)几个部分组成。

(2)机架是由前后横梁,四根承载支柱组成的刚性框架。

(3)液压站由油泵、电机、油箱、溢流阀、手动控制阀、预紧装置组成。

(4)微机测量系统部分:由计算机、试验机数据采集卡、负荷传感器、位移传感器、专用试验软件组成。试验机外部结构见图2-2-6。

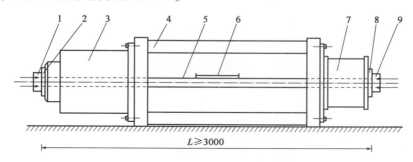

图2-2-6 静载锚固试验机外部结构图(尺寸单位:mm)

1-张拉端试验锚具;2、8-环形支承垫板;3-加荷载用千斤顶;4-承力台座;5-预应力筋;6-测量总应变的装置;7-荷载传感器;9-固定端试验锚具

(5)试验机的测力系统应按照《金属材料 静力单轴试验机的检验与校准 第1部分:拉力和(或)压力试验机 测力系统的检验与校准》(GB/T 16825.1—2022)的规定进行校准,并且其准确度不应低于1级。

(6)预应力筋总伸长率测量装置在测量范围内,示值相对误差不应超过±1%。

4.试验/工作方法

试验方法应按照《预应力筋用锚具、夹具和连接器》(GB/T 14370—2015)进行。试验开始前先进行锚具、夹具的组装,组装前必须把锚固零件擦拭干净,然后将钢绞线、锚具、夹具与试验台组装,使每根钢绞线受力均匀,见图2-2-7。

图2-2-7 预应力锚具静载锚固性能试验

5.规范填写试验检测原始记录表,完整准确记录原始数据

原始记录表应记录试验环境温度、锚具、夹具、连接器型号、数量、试验设备名称、型号、编号、锚具效率系数 η_a、预应力筋受力长度总伸长率 ε_{Tu} 测量结果、试样的破坏部位与形式等信息。

6. 处理(计算、修约、分析、判断等)试验检测数据

(1)锚具效率系数 η_a

按照《预应力筋用锚具、夹具和连接器》(GB/T 14370—2015)的要求,锚具效率系数 η_a 根据锚固形式不同,分别按式(2-2-1)、式(2-2-2)计算。

体内、体外束中预应力钢材用锚具:

$$\eta_a = \frac{F_{Tu}}{nF_{pm}} \tag{2-2-1}$$

拉索中预应力钢材用锚具及纤维增强复合材料筋用锚具:

$$\eta_a = \frac{F_{Tu}}{F_{ptk}} \tag{2-2-2}$$

式中:F_{Tu}——锚具组装件的实测极限拉力(kN);

F_{pm}——预应力筋单根试件的实测平均极限抗拉力(kN);

F_{ptk}——预应力筋的公称极限抗拉力(kN),$F_{ptk} = A_{pk} \times f_{ptk}$;

A_{pk}——预应力筋的公称截面面积(mm^2);

f_{ptk}——预应力筋的公称抗拉强度(MPa)。

(2)预应力筋受力长度总伸长率 ε_{Tu}

试验过程中应对下列内容进行测量、观察和记录:

①荷载为 $0.1F_{ptk}$ 时总伸长率测量装置的标距和预应力筋的受力长度;

②选取有代表性的若干根预应力筋,测量试验荷载从 $0.1F_{ptk}$ 增长到 F_{Tu} 时,预应力筋与锚具、夹具或连接器之间的相对位移 Δa,见图2-2-8;

③组装件的实测极限抗拉力 F_{Tu};

④试验荷载从 $0.1F_{ptk}$ 增长到 F_{Tu} 时总伸长率测量装置标距的增量 ΔL_1,并按式(2-2-3)计算预应力筋受力长度的总伸长率 ε_{Tu}。

$$\varepsilon_{Tu} = \frac{\Delta L_1 + \Delta L_2}{L_1 - \Delta L_2} \times 100\% \tag{2-2-3}$$

式中:ΔL_1——试验荷载从 $0.1F_{ptk}$ 增长到 F_{Tu} 时,总伸长率测量装置标距的增量(mm);

ΔL_2——试验荷载从 0 增长到 $0.1F_{ptk}$ 时,总伸长率测量装置标距增量的理论计算值(mm);

L_1——总伸长率测量装置在试验荷载为 $0.1F_{ptk}$ 时的标距。

采用测量加载用千斤顶活塞位移量计算预应力筋受力长度的总伸长率 ε_{Tu},则应按式(2-2-4)计算。

$$\varepsilon_{Tu} = \frac{\Delta L_1 + \Delta L_2 - \sum \Delta a}{L_2 - \Delta L_2} \times 100\% \tag{2-2-4}$$

式中:ΔL_1——试验荷载从 $0.1F_{ptk}$ 增长到 F_{Tu} 时,加载用千斤顶活塞的位移量(mm);

ΔL_2——试验荷载从 0 增长到 $0.1F_{ptk}$ 时,加载用千斤顶活塞的位移量的理论计算值(mm);

$\sum \Delta a$——试验荷载从 $0.1F_{ptk}$ 增长到 F_{Tu} 时,预应力筋端部与锚具、夹具、连接器之间的相对位移之和(mm);

L_2——试验荷载为 $0.1F_{ptk}$ 时,预应力筋的受力长度(mm)。

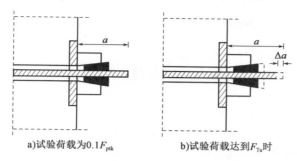

a)试验荷载为$0.1F_{ptk}$　　　　**b)试验荷载达到F_{Tu}时**

图 2-2-8　测量预应力筋与锚具、夹具或连接器之间的相对位移 Δa

η_a、ε_{Tu} 的结果修约(有效数字位数)应和相应产品标准技术要求保持一致。

(3)试验结果要求与判定规则

①试验过程中:应观察锚具的变形。在静载锚固性能满足后,夹片允许出现微裂和纵向断裂,不允许出现横向、斜向断裂及碎断;预应力筋达到极限破断时,锚板及其锥形锚孔不允许出现过大塑性变形,锚板中心残余变形不应出现明显挠度。

②记录项目:应记录试样的破坏部位与形式。组装件的破坏部位与形式应符合:夹片式锚具、夹具、连接器的夹片加载到最高一级荷载时不允许出现裂纹或断裂,在满足效率系数和总伸长率后允许出现微裂和纵向断裂,不允许出现横向、斜向断裂及碎断。

③静载试验结果计算:静载试验应连续进行 3 个组装件的试验,试验结束后需计算锚具效率系数和实测极限拉力时组装件受力长度的总应变。

④3 个组装件中如有 2 个组装件不符合要求,应判定该批产品不合格;3 个组装件中如有 1 个组装件不符合要求,应另取双倍数量的样品重做试验,如仍有不符合要求者,应判定该批产品出厂检验不合格。

按照《公路桥梁预应力钢绞线用锚具、夹具和连接器》(JT/T 329—2010)的要求,试验期间需要对以下项目进行测量和观察:

①选取有代表性的若干根钢绞线,按施加荷载的前四级,逐级测量其与锚具或连接器之间的相对位移 Δa。

②选取锚具或连接器若干有代表性的零件,按施加荷载的前四级,逐级测量其间的相对位移 Δb。

③试件的实测极限拉力 F_{apu}。

④达到实测极限拉力时的总应变 ε_{apu}。

⑤应力达到 $0.8f_{ptk}$ 后,在持荷的 1h 期间,每 20min 测量一次相对位移(Δa 和 Δb)。持荷期间 Δa 和 Δb 均应无明显变化,保持稳定。如持续增加,不能保持稳定,则表明已经失去可靠的锚固能力。

⑥试件的破坏部位与形式:在钢绞线应力达到 $0.8f_{ptk}$ 时,夹片不应出现裂纹和破断;在满足锚具效率系数 $\eta_a \geq 0.95$ 及组装件受力长度总应变 $\varepsilon_{apu} \geq 2.0\%$ 后,夹片允许出现微裂和纵向断裂,不允许横向、斜向断裂及碎断;受钢绞线多根或整束破断的剧烈冲击引起的夹片破坏或断裂属正常情况。

锚具、连接器效率系数 η_a 按式(2-2-5)计算。

$$\eta_a = \frac{F_{apu}}{F_{pm}}$$ (2-2-5)

式中：F_{apu}——试件的实测极限拉力；

$\quad\quad F_{pm}$——钢绞线的实际平均抗拉力，由钢绞线试件实测破断荷载计算平均值得出，$F_{pm} = n \cdot f_{pm} \cdot A_{pk}$；

$\quad\quad n$——锚具-钢绞线组装件中钢绞线根数；

$\quad\quad A_{pk}$——钢绞线单根试件的特征(公称)截面面积；

$\quad\quad f_{pm}$——试验所用钢绞线(截面以 A_{pk} 计)的实测极限抗拉强度平均值。

总应变 ε_{apu} 按式(2-2-6)、式(2-2-7)计算。

①采用直接测量标距时，按式(2-2-6)计算。

$$\varepsilon_{apu} = \frac{\Delta L_1 + \Delta L_2}{L_1} \times 100\%$$ (2-2-6)

式中：ΔL_1——位移传感器 1 从张拉至钢绞线抗拉强度标准值 f_{ptk}10% 加载到极限应力时的位移增量；

$\quad\quad \Delta L_2$——从 0 到张拉至钢绞线抗拉强度标准值 f_{ptk}10% 的伸长量理论计算值(标距内)；

$\quad\quad L_1$——张拉至钢绞线抗拉强度标准值 f_{ptk}10% 时位移传感器 1 的标距。

②采用测量加荷载用千斤顶活塞伸长量 ΔL 计算 ε_{apu} 时按式(2-2-7)计算。

$$\varepsilon_{apu} = \frac{\Delta L_1 + \Delta L_2 - \Delta a}{L_2} \times 100\%$$ (2-2-7)

式中：ΔL_1——从张拉至钢绞线抗拉强度标准值 f_{ptk}10% 加载到极限应力时的活塞伸长量；

$\quad\quad \Delta L_2$——从 0 到张拉至钢绞线抗拉强度标准值 f_{ptk}10% 的伸长量理论计算值(夹持计算长度内)；

$\quad\quad \Delta a$——钢绞线相对试验锚具(连接器)的实测位移量；

$\quad\quad L_2$——钢绞线夹持计算长度，即两端锚具(连接器)端头起夹点之间的距离。

应连续进行三个组装件的试验。记录全部试验结果，不得以平均值作为试验结果。在三个组装件试件中，如有一个试件不符合要求，则可另取双倍数量的试件重做试验；如仍有一个试件不合格，则该批产品判为不合格品；在三个组装件试件中，如有两个试件不符合要求，则应判该批产品判为不合格品。

7.规范出具试验检测报告

试验检测报告除应给出锚具的规格、数量、锚具效率系数 η_a、预应力筋受力长度总伸长率 ε_{Tu} 的测量值外，还应包括破坏部位及破坏形式的图像记录，并有准确的文字描述。

(二) 周期荷载

1.检查样品是否符合试验检测要求

试验前应按照静载试验样品的组装方式组装好样品，并确定样品的尺寸、规格、牌号、数量等信息是否符合试验要求。

2. 识别、控制和记录试验检测环境

周期荷载试验无特殊环境要求,建议在 16~26℃ 范围内进行。

3. 仪器设备要求

周期荷载仪器设备与静载锚固性能所用设备一样。

4. 试验/工作方法

周期荷载试验方法应按照《公路桥梁预应力钢绞线用锚具、夹具和连接器》(JT/T 329—2010)的规定执行,试验图像如图 2-2-9 所示。

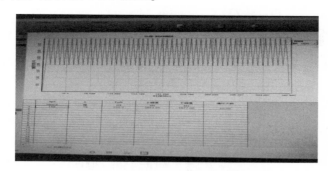

图 2-2-9　预应力锚具周期荷载试验图像

5. 规范填写试验检测原始记录表,完整准确记录原始数据

原始记录表应记录锚具的尺寸、规格、牌号、数量、仪器设备的名称、型号、编号和连接器的失效形式(钢绞线在锚具夹持区域是否发生破断、滑移;夹片是否松脱)。

6. 处理(计算、修约、分析、判断等)试验检测数据

试验结果应按照《公路桥梁预应力钢绞线用锚具、夹具和连接器》(JT/T 329—2010)进行判定。

7. 规范出具试验检测报告

检测报告应给出锚具的规格、数量,以及试验测试结果(连接器是否失效及失效形式)。

(三)硬度

1. 检查样品是否符合试验检测要求

常见的锚具、夹具、连接器硬度的测量分为布氏硬度和洛氏硬度两类。试验前应先检查样品的规格、数量等是否符合试验要求;还应检查样品的外观及表面状态。

(1)除非材料标准或合同另有规定,试样表面应平坦光滑,并且不应有氧化皮及外来污物,尤其不应有油脂。在做可能会与压头黏结的活性金属的硬度试验时,例如钛;可以使用某种合适的油性介质,例如煤油。使用的介质应在试验报告中注明。试样的制备应使受热或冷加工等因素对试样表面硬度的影响减至最小。尤其对于压痕深度浅的试样应特别注意。

(2)对于布氏硬度的测量,应选用碳化钨合金球压头。试样厚度至少应为压痕深度的 8

倍。试样压痕平均直径与试样最小厚度的关系可参照《金属材料 布氏硬度试验 第1部分：试验方法》（GB/T 231.1—2018）附录A。试验后，试样背部如出现可见变形，则表明试样太薄。

（3）对于洛氏硬度的测量，应选用金刚石圆锥压头进行试验。试样或试验层厚度应不小于残余压痕深度的10倍，试验后试样的背面不应有变形出现。在凸圆柱面和凸球面上进行试验时，应按照《金属材料 洛氏硬度试验 第1部分：试验方法》（GB/T 230.1—2018）附录E和附录F的方法进行洛氏硬度值修正。

2. 识别、控制和记录试验检测环境

硬度试验无特殊环境要求，试验一般应在室温10～35℃内进行，如有特殊要求，试验温度应为23℃±5℃。

3. 仪器设备要求

按测试硬度的种类（布氏硬度或洛氏硬度）不同，仪器设备分为布氏硬度计或洛氏硬度计（图2-2-10）。硬度计应有足够的量程和分辨率及测量精度。

（1）布氏硬度计。应符合《金属材料 布氏硬度试验 第2部分：硬度计的检验与校准》（GB/T 231.2—2022）或《金属布氏硬度计》（JJG 150—2005）规定，应能施加预定试验力或9.807N至29.42kN范围内的试验力。压头为碳化钨合金压头，压头和压痕测量装置应符合《金属材料 布氏硬度试验 第2部分：硬度计的检验与校准》（GB/T 231.2—2022）或《金属布氏硬度计》（JJG 150—2005）的规定。

a)洛氏硬度计　　　　b)布氏硬度计

图2-2-10　洛氏硬度计与布氏硬度计

（2）洛氏硬度计。硬度计应能按《金属材料 洛氏硬度试验 第1部分：试验方法》（GB/T 230.1—2018）中部分或全部标尺的要求施加试验力，并符合《金属材料 洛氏硬度试验 第2部分：硬度计及压头的检验与校准》（GB/T 230.2—2022）或《金属洛氏硬度计（A、B、C、D、E、F、G、H、K、N、T标尺）》（JJG 112—2013）的规定。

4. 试验/工作方法

硬度检验应根据产品技术文件规定的表面位置硬度值种类和硬度范围选用相应的硬度测量仪器，试验方法应按《金属材料 洛氏硬度试验 第1部分：试验方法》（GB/T 230.1—2018）或《金属材料 布氏硬度试验 第1部分：试验方法》（GB/T 231.1—2018）的规定执行。

5. 规范填写试验检测原始记录表，完整准确记录原始数据

（1）原始记录表应完整记录硬度值的测量结果（数值＋硬度单位）、试验环境温度（如果试验温度不在10～35℃之间，应注明试验温度）、仪器设备名称、型号、编号等信息。

（2）凸圆柱面或凸球面样品测试时，应注明表面曲率。

（3）如果总试验力保持时间超过6s，应注明总试验力的保持时间。

（4）如果转换为其他硬度,转换的依据和方法应注明,参见《金属材料　硬度值的换算》（GB/T 33362—2016）。

（5）对于布氏硬度试验结果,如果压痕直径与压头直径的比不在 0.24 ~ 0.60 之间,应注明比值。

6. 处理（计算、修约、分析、判断等）试验检测数据

硬度值检测结果的修约及判定应按照相关产品标准规定进行。

7. 规范出具试验检测报告

（1）检测报告应给出样品的规格、牌号、硬度值的检测结果、测量次数等信息。

（2）凸圆柱面或凸球面样品测试时,应注明表面曲率。

（3）如果总试验力保持时间超过 6s,应注明总试验力的保持时间。

（4）如果转换为其他硬度,转换的依据和方法应注明,参见《金属材料硬度值的换算》（GB/T 33362—2016）。

（5）对于布氏硬度试验结果,如果压痕直径与压头直径的比不在 0.24 ~ 0.60 之间,应注明比值。

（6）影响试验结果的各种细节因素,应在报告中注明。

练习题

1. [单选]预应力筋-锚具或夹具组装件应进行（　　　）个组装件的静载锚固性能试验,全部试验结果均应作出记录。

　　A. 2　　　　　　　　B. 5　　　　　　　　C. 4　　　　　　　　D. 3

【答案】D

解析:根据《预应力筋用锚具、夹具和连接器》（GB/T 14370—2015）和《公路桥梁预应力钢绞线用锚具、夹具和连接器》（JT/T 329—2010）的规定,静载锚固性能应进行 3 个组装件的试验。

2. [判断]国家标准《预应力筋用锚具、夹具和连接器》（GB/T 14370—2015）将锚具、夹具和连接器的基本类型按锚固方式不同分为夹片式、支承式、组合式、握裹式。（　　　）

【答案】√

解析:《预应力筋用锚具、夹具和连接器》（GB/T 14370—2015）将锚具、夹具和连接器按锚固方式不同分为夹片式、支承式、组合式和握裹式四种基本类型。

3. [多选]下面硬度单位属于洛氏硬度的有（　　　）。

　　A. HRB　　　　　　B. HRBW　　　　　　C. HRC　　　　　　D. HB

【答案】ABC

解析:根据《金属材料　洛氏硬度试验　第 1 部分:试验方法》（GB/T 230.1—2018）中 4.1 的规定,HRA、HRBW、HRC 均为洛氏硬度的标尺符号。其中 HRA、HRC 为金刚石圆锥压头,HRBW 为碳化钨合金压头,HB 为布氏硬度单位符号。

4. [综合]锚具是应用在预应力混凝土结构中的永久性锚固装置,是在后张法结构或构件

中,为保持预应力筋的拉力并将其传递到混凝土内部的锚固工具,也称之为预应力锚具。在进行预应力混凝土箱梁等构件张拉施工时,通常和夹具及连接器组合使用。请结合锚具、夹具、连接器的试验检测内容,回答以下问题。

(1)出厂检验时,每批产品的数量是指同一种规格的产品,同一批原材料,用同一种工艺一次投料生产的数量,每个抽检组批不应超过(   )件(套)。

    A. 1000   B. 1500   C. 2000   D. 2500

【答案】C

解析:《预应力筋用锚具、夹具和连接器》(GB/T 14370—2015)中 8.3.1 及《公路桥梁预应力钢绞线用锚具、夹具和连接器》(JT/T 329—2010)8.3.1 中均规定,每个抽检组批不应超过 2000 件(套)。

(2)在进行锚具静载锚固性能试验时,加载步骤应按照钢绞线抗拉强度标准值的(   ),分四级等速加载。

    A. 10%、30%、50%、70%   B. 20%、40%、60%、80%

    C. 20%、30%、50%、80%   D. 20%、40%、60%、90%

【答案】B

解析:《预应力筋用锚具、夹具和连接器》(GB/T 14370—2015)中 7.3.4 及《公路桥梁预应力钢绞线用锚具、夹具和连接器》(JT/T 329—2010)中 7.3.5 中均规定,在进行静载锚固性能试验时,加载步骤按照钢绞线抗拉强度标准值的 20%、40%、60%、80%,分四级等速加载。

(3)型号为 YM15-5 的公路桥梁预应力钢绞线用锚具的静载锚固性能试验,若锚具-钢绞线组件的实测极限拉力值为 1310kN,单根钢绞线的计算极限拉力为 265kN,则锚具效率系数为(   )。

    A. 1.01   B. 0.99   C. 0.15   D. 0.20

【答案】B

解析:计算极限拉力值为 $5 \times 265 = 1325kN$,锚具静载锚固系数为 $1310/1325 = 0.99$。

(4)布氏硬度试验力的选择应保证压痕直径在(   )之间。

    A. $0.24D \sim 0.6D$ B. $0.2D \sim 0.8D$ C. $0.2D \sim 0.6D$ D. $0.24D \sim 0.8D$

【答案】A

解析:根据《金属材料　布氏硬度试验　第 1 部分:试验方法》(GB/T 231.1—2018)的规定,试验力的选择应保证压痕直径在 $0.24D \sim 0.6D$ 之间。

(5)按照《公路桥梁预应力钢绞线用锚具、夹具和连接器》(JT/T 329—2010)的规定,在抗震结构中,预应力筋-锚具组装件除满足静载锚固性能要求外,还应满足循环次数为(   )次的周期荷载试验。

    A. 30   B. 40   C. 50   D. 60

【答案】C

解析:根据《公路桥梁预应力钢绞线用锚具、夹具和连接器》(JT/T 329—2010)第 6.6.3 的规定,用于抗震结构中的锚具,应满足循环次数为 50 次的周期荷载试验。

第三章　预应力混凝土用金属波纹管

一、预应力混凝土用金属波纹管的分类和代号

1. 分类

预应力混凝土用金属波纹管可分为标准型和增强型;按截面形状分为圆形和扁形。

2. 标记

产品标记应由代号、规格及类别组成:

例 2-3-1　公称内径为 70mm 的标准型圆管标记为 JBG-70B;

例 2-3-2　公称内径为 70mm 的增强型圆管标记为 JBG-70Z;

例 2-3-3　公称内长轴为 67mm 公称内短轴为 20mm 的标准型扁管标记为 JBG-67×20B;

例 2-3-4　公称内长轴为 67mm 公称内短轴为 20mm 的增强型扁管标记为 JBG-67×20Z。

二、预应力混凝土用金属波纹管的特点和作用

金属波纹管质轻壁薄,便于运输存放;刚性强、不破碎、不漏浆,功能优良;施工工艺简单,组装快速,节省工期等优点。

预应力金属波纹管主要用于桥梁、建筑水利、电力等工程的后张法预应力混凝土结构或构件中的预留孔道成孔。

三、预应力混凝土用金属波纹管的使用要求

在预应力工程,波纹管以及配件组成的预应力成孔系统应具备如下要求:

(1)具有一定的强度,能足以保持其形状,并抵抗施工中的破坏、穿透或变形;

(2)具有足够的柔性,以便能适应特殊形式的预应力筋铺设的需要;

(3)具有一定抗磨性,以防止孔道在传索、张拉时,预应力筋将成孔破坏;

(4)具有一定密封性,保证压浆时不漏浆;

(5)具有一定的黏结性能力,与混凝土黏结良好。

四、预应力混凝土用金属波纹管的技术要求与检验规则

1. 材料

金属波纹管的最小钢带厚度应符合表 2-3-1 和表 2-3-2 的规定。

圆管规格与钢带厚度对应关系（mm）　　　　　表 2-3-1

公称内径		40	45	50	55	60	65	70	75	80	85	90	95	96	102	108	114	120	126	132
最小钢带厚度	标准型	0.28		0.30						0.35				0.40						
	增强型	0.30		0.35			0.40			0.45			—	0.50						0.60

注：表中未列公称内径大于132mm的圆管钢带厚度应根据性能要求进行调整；公称内径95mm的金属波纹圆管仅用作连接管。

扁管规格与钢带厚度对应关系（mm）　　　　　表 2-3-2

适用预应力钢绞线的规格		$\phi12.7$			$\phi15.2$、$\phi15.7$		
公称内短轴		20			22		
公称内长轴		52	67	75	58	74	90
最小钢带厚度	标准型	0.30	0.35	0.40	0.35	0.40	0.45
	增强型	0.35	0.40	0.45	0.40	0.45	0.50

注：表中未列大直径钢绞线用扁管的最小钢带厚度应根据金属波纹管的性能要求确定。

2. 外观

金属波纹管外观应清洁，内外表面应无锈蚀、油污、附着物、孔洞和不规则的褶皱，咬口无开裂和脱扣。

3. 尺寸

不同规格金属波纹圆管的尺寸允许偏差应符合表 2-3-3 的规定。

金属波纹圆管尺寸允许偏差（mm）　　　　　表 2-3-3

公称内径	40	45	50	55	60	65	70	75	80	85	90	95	96	102	108	114	120	126	132
允许偏差	±0.5												±1.0						

注：表中未列尺寸的规格由供需双方协议确定；公称内径95mm的金属波纹圆管仅用作连接管。

不同规格金属波纹扁管的尺寸允许偏差应符合表 2-3-4 的规定。

金属波纹扁管尺寸允许偏差（mm）　　　　　表 2-3-4

适用预应力钢绞线的规格	$\phi12.7$			$\phi15.2$、$\phi15.7$			$\phi17.8$			$\phi21.6$、$\phi21.8$			$\phi28.6$		
公称内短轴	20			22			25			30			37		
允许偏差	+1.0 0			+1.5 0			+1.7 0			+2.0 0			+2.5 0		
公称内长轴	52	67	75	58	74	90	56	80	104	69	93	116	89	130	167
允许偏差	±1.0			±1.5			±1.7			±2.0			±2.5		

注：表中未列尺寸的规格由供需双方协议确定。

金属波纹圆管的波纹高度 h,不应小于表2-3-5的规定。

金属波纹圆管的波纹高度(mm)　　　　　　　　表2-3-5

公称内径	40	45	50	55	60	65	70	75	80	85	90	95	96~132
最小波纹高度	2.5												3.0

注:公称内径大于132mm的圆管波纹高度应根据性能要求进行调整。

4. 抗外荷载性能

金属波纹管承受符合表2-3-6规定的局部横向荷载或均布荷载时,波纹管不应出现开裂脱扣等现象。变形量应符合表2-3-6的规定。

金属波纹管抗局部横向荷载性能和抗均布荷载性能　　　表2-3-6

截面形状		圆形		扁形
局部横向荷载(N)	标准型	800		500
	增强型			
均布荷载(N)	标准型	$F=0.31d_n^2$		$F=0.15d_n^2$
	增强型			
δ	标准型	$d_n \leqslant 75mm$	$\leqslant 0.20$	$\leqslant 0.20$
		$d_n > 75mm$	$\leqslant 0.15$	
	增强型	$d_n \leqslant 75mm$	$\leqslant 0.10$	$\leqslant 0.15$
		$d_n > 75mm$	$\leqslant 0.08$	

注:F——均布荷载值(N);

d_n——圆管公称内径(mm);

d_e——扁管等效公称内径(mm),$d_e = \dfrac{2(b_n + h_n)}{\pi}$;

b_n——扁管公称内长轴(mm);

h_n——扁管公称内短轴(mm);

δ——变形比,$\delta = \dfrac{\Delta D}{d_n}$或$\delta = \dfrac{\Delta H}{h_n}$;

ΔD——圆管径向变形量(mm);

ΔH——扁管短轴向变形量(mm)。

5. 抗渗漏性能

在承受表2-3-6规定的局部横向荷载作用后或在规定的弯曲情况下,金属波纹管不应渗出水泥浆。

6. 检验规则

检验分类及项目:产品均应进行出厂检验和型式检验,出厂检验和型式检验的检验项目应符合表2-3-7的规定。

产品检验项目　　　　　　　　　　　表 2-3-7

序号	项目名称	出厂检验	型式检验
1	外观	√	√
2	尺寸	√	√
3	抗局部横向荷载性能	√	√
4	抗均布荷载性能	—	√
5	承受局部横向荷载后抗渗漏性能	—	√
6	弯曲后抗渗漏性能	√	√

注:"√"表示检验项目;"—"表示不检验项目。

五、预应力混凝土用金属波纹管的取样规则

1. 出厂检验

(1)出厂检验应按批进行

每批应由同一钢带生产厂生产的同一批钢带制造的产品组成,每半年或累计 50000m 生产量为一批。

(2)外观应全数检验,其他项目抽样数量均为 3 件。

2. 型式检验

同一截面形状、同一性能要求的金属波纹管应按下列规定分组,并在每组中各选用一种规格的有代表性的产品进行型式检验。

(1)公称内径小于或等于 60mm 时,为小规格组。

(2)公称内径大于 60mm 小于或等于 90mm 时,为中规格组。

(3)公称内径大于 90mm 时,为大规格组。

(4)公称内短轴相同的扁管为一组。

(5)所有型式检验项目抽样数量均为 6 件。

------ 职 业 能 力 ------

六、常规检测参数试验方法及结果处理

(一)外观尺寸

1. 检查样品是否符合试验检测要求

试样外观应清洁,内外表面应无锈蚀、油污、附着物、孔洞和不规则的褶皱等可见外观缺陷,咬口应无开裂和脱扣。

预应力混凝土用金属波纹管样品在试验前除了应检查样品的规格、型号、数量等是否符合试验要求,截取试样还应满足以下要求:

（1）截取试样应用无齿锯切割；

（2）切取前首先标记试样，截取后即时予以编号；

（3）试样长度应满足试验要求。

2. 识别、控制和记录试验检测环境

环境要求未作规定时，建议在 16~26℃ 范围内进行。

试验前检查环境温度是否符合规范要求，如不在要求范围内，需进行温度调控。待环境温度稳定并符合要求后，将样品放置合理时间，样品温度和室内温度一致后方可进行试验。试样前记录环境温湿度。

3. 仪器设备要求

外观：外观可用目测法检测。

尺寸测量工具如下。

游标卡尺：测量内外径尺寸；千分尺：测量钢带厚度；钢卷尺：测量长度；深度尺：测量波纹高度。

4. 试验/工作方法

外观和尺寸的试验方法应按《预应力混凝土用金属波纹管》（JG/T 225—2020）的规定执行。

5. 规范填写试验检测原始记录表，完整准确记录原始数据

原始记录表应记录样品的规格、牌号、数量、编号；圆管试件内径应给出两端两个互相垂直方向的内径测量值和平均值，扁管试件应给出试件两端的内长轴和内短轴尺寸的测量值和相应的平均值，以及试件两端钢带厚度、波纹高度的测量值和平均值；测量工具的名称、型号、编号等信息。

6. 处理（计算、修约、分析、判断等）试验检测数据

预应力金属波纹管外观检查结果及尺寸测量结果的修约和判定应按照国家标准《预应力混凝土用金属波纹管》（JG/T 225—2020）中相关技术要求进行。

7. 规范出具试验检测报告

试验检测报告应给出详细的外观描述、各个尺寸测量结果的平均值。

（二）抗外荷载性能

1. 检查样品是否符合试验检测要求

试样长度应取圆管公称内径或扁管等效公称内径的 5 倍，且不应小于 300mm。

2. 识别、控制和记录试验检测环境

环境要求未作规定时，建议在 16~26℃ 范围内进行。

3. 仪器设备

（1）加载设备应采用万能试验机，试验机使用量程应与试验荷载匹配，试验机级别不应低于 1.0 级,力值分辨力不应低于 10N,位移分辨力不应低于 0.02mm;也可采用砝码及辅助装置加载。

(2)测量变形量应采用具有足够量程和分辨率(至少 0.01mm)的数显卡尺。

4. 试验过程

抗外荷载性能包括抗局部横向荷载性能和抗均布荷载性能,试验方法应按《预应力混凝土用金属波纹管》(JG/T 225—2020)的规定执行。抗局部横向荷载性能试验加载方法及抗均布荷载性能试验加载方法如图 2-3-1 和图 2-3-2 所示。

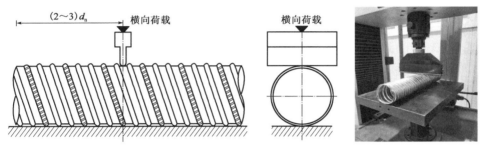

图 2-3-1　抗局部横向荷载性能试验加载方法示意图

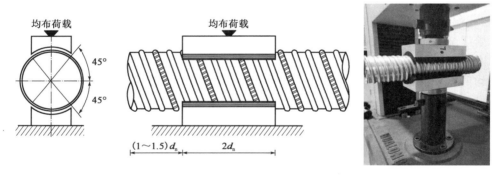

图 2-3-2　抗均布荷载性能试验加载方法示意图

5. 规范填写试验检测原始记录表,完整准确记录原始数据

原始记录表应记录样品的规格、牌号、数量、编号;持荷状态下试件的变形量测量值,经计算得出的变形比 δ;所用仪器设备的名称、型号、编号等信息。

6. 处理(计算、修约、分析、判断等)试验检测数据

持荷状态下试件的变形量 ΔD 或 ΔH 的测量值以及经计算得出的变形比 δ 修约位数应与产品标准《预应力混凝土用金属波纹管》(JG/T 225—2020)保持一致;试验结果按照产品标准技术要求进行判定。

7. 规范出具试验检测报告

试验检测报告应给出变形比 δ 的计算值及判定结论。

（三）抗渗漏性能

1. 检查样品是否符合试验检测要求

对于承受局部横向荷载后抗渗漏性能试验,试件长度取圆管公称内径或等效公称内径的5倍,且不应小于300mm。

2. 识别、控制和记录试验检测环境

环境要求未作规定时,建议在16~26℃范围内进行。

3. 仪器设备

试验设备与抗外荷载性能试验中用的万能试验机相同。

4. 试验/工作方法

试验方法应按《预应力混凝土用金属波纹管》(JG/T 225—2020)的规定执行。

5. 规范填写试验检测原始记录表,完整准确记录原始数据

原始记录表应记录试件表面渗出水泥浆的情况。

6. 处理(计算、修约、分析、判断等)试验检测数据

本试验结果无须进行计算、修约等处理。

7. 规范出具试验检测报告

检测报告中应给出金属波纹管是否发生水泥浆渗漏。

（四）弯曲后抗渗漏性能

1. 检查样品是否符合试验检测要求

试件长度取1500mm。将试件弯成圆弧形,圆管的曲率半径 R 应为圆管公称内径的30倍,扁管短轴方向的曲率半径 R 应为4000mm。

2. 识别、控制和记录试验检测环境

环境要求未作规定时,建议在16~26℃范围内进行。

3. 仪器设备

试验设备为金属波纹管弯曲后抗渗漏试验装置,如图2-3-3a)所示,该装置应能满足《预应力混凝土用金属波纹管》(JG/T 225—2020)中金属波纹管弯曲后抗渗漏性能试验的要求。

4. 试验/工作方法

试验方法应按《预应力混凝土用金属波纹管》(JG/T 225—2020)的规定执行,弯曲后抗渗漏性能试验如图2-3-3b)所示。

5. 规范填写试验检测原始记录表

完整准确记录原始数据,原始记录表应记录试验结束后试件表面是否渗出水泥浆。

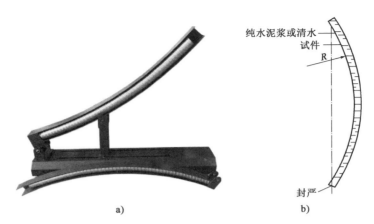

图 2-3-3　弯曲后抗渗漏性能试验示意图

6. 处理(计算、修约、分析、判断等)试验检测数据

本试验结果无须进行计算、修约等处理。

7. 规范出具试验检测报告

试验检测报告应给出金属波纹管在试验后是否渗出水泥浆。

练习题

1. [单选]公称内径为 70mm 的预应力混凝土用金属波纹管标准型圆管标记为(　　　)。

    A. JBG-70B　　　　　B. JBG-70G　　　　　C. JBG-70Y　　　　　D. JBG-70Z

【答案】A

解析:70 表示公称内径 70mm,B 表示标准型,根据《预应力混凝土用金属波纹管》(JG/T 225—2020)中 3.2 的规定,应标记为 JBG-70B。

2. [判断]金属波纹管的出厂检验应按批进行,每批应由同一钢带生产厂生产的同一批钢带制造的产品组成,每半年或累计 10000m 生产量为一批。(　　　)

【答案】×

解析:根据《预应力混凝土用金属波纹管》(JG/T 225—2020)中 6.3.1 的规定,金属波纹管按批进行出厂检验时,每半年或累计 50000m 生产量为一批。

3. [多选]关于金属波纹管型式检验的分组规定,下面说法正确的是(　　　)。

    A. 公称内径小于或等于 60mm 时,为小规格组

    B. 公称内径大于 60mm 且小于或等于 90mm 时,为中规格组

    C. 公称内径大于 90mm 时,为大规格组

    D. 公称内长轴相同的扁管为一组

【答案】ABC

解析:根据《预应力混凝土用金属波纹管》(JG/T 225—2020)中 6.3.2 的规定,公称内径小于或等于 60mm 时,为小规格组;公称内径大于 60mm 且小于或等于 90mm 时,为中规格组;公称内径大于 90mm 时,为大规格组;公称内短轴相同的扁管为一组。

4.[综合]预应力金属波纹管多用于桥梁、隧道、铁路工程施工中,其作用是在混凝土中形成预留孔道,以便穿设预应力筋。在预应力筋张拉施工完成后向孔道内进行灌浆处理。请结合金属波纹管的试验检测知识,回答下列问题。

(1)金属波纹圆管抗均布荷载性能试验的持荷规定值与(　　)有关。

　　A.增强型　　　　B.公称内径　　　　C.波纹高度　　　　D.标准型

【答案】B

解析:根据《预应力混凝土用金属波纹管》(JG/T 225—2020)中 4.5 的规定,均布荷载持荷规定值为:圆形 $F = 0.31d_n^2$,扁形 $F = 0.15d_n^2$,d_n 表示公称内径。

(2)金属波纹管抗外荷载性能试验试件长度取圆管公称内径或扁管等效公称内径的(　　)倍,且不应小于 300mm。

　　A.2　　　　　　　B.3　　　　　　　C.4　　　　　　　D.5

【答案】D

解析:根据《预应力混凝土用金属波纹管》(JG/T 225—2020)中 5.3.1 的规定,试样长度应取圆管公称内径或扁管等效公称内径的 5 倍,且不应小于 300mm。

(3)金属波纹圆管抗局部横向荷载性能试验的持荷规定值是(　　)。

　　A.600N　　　　　B.800N　　　　　C.500N　　　　　D.700N

【答案】B

解析:根据《预应力混凝土用金属波纹管》(JG/T 225—2020)中 4.5 的规定,金属波纹圆管抗局部横向荷载性能试验的持荷规定值为 800N。

(4)金属波纹管承受局部横向荷载后抗渗漏性能试验制作试件时,压头应放置在金属波纹管的(　　)位置。

　　A.波谷　　　　　B.波峰　　　　　C.咬口　　　　　D.任意

【答案】C

解析:根据《预应力混凝土用金属波纹管》(JG/T 225—2020)中 5.4.1 的规定,按抗局部横向荷载性能试验规定的试验方法进行加载,压头放置在金属波纹管中部咬口位置。

(5)金属波纹管弯曲后抗渗漏试验,应将试件弯成圆弧形,圆管的曲率半径 R 应为圆管公称内径的(　　)倍,扁管短轴方向曲率半径 R 应为(　　)m。

　　A.20,3000　　　B.30,3000　　　C.20,4000　　　D.30,4000

【答案】D

解析:根据《预应力混凝土用金属波纹管》(JG/T 225—2020)中 5.4.2 的规定,金属波纹管弯曲后抗渗漏试验,圆管的曲率半径 R 应为圆管公称内径的 30 倍,扁管短轴方向曲率半径 R 应为 4000m。

参 考 文 献

[1] 中华人民共和国产品质量法(1993 年 2 月 22 日第七届全国人民代表大会常务委员会第三十次会议通过 根据 2000 年 7 月 8 日第九届全国人民代表大会常务委员会第十六次会议《关于修改〈中华人民共和国产品质量法〉的决定》第一次修正 根据 2009 年 8 月 27 日第十一届全国人民代表大会常务委员会第十次会议《关于修改部分法律的决定》第二次修正 根据 2018 年 12 月 29 日第十三届全国人民代表大会常务委员会第七次会议《关于修改〈中华人民共和国产品质量法〉等五部法律的决定》第三次修正).

[2] 中华人民共和国计量法(1985 年 9 月 6 日第六届全国人民代表大会常务委员会第十二次会议通过 根据 2018 年 10 月 26 日第十三届全国人民代表大会常务委员会第六次会议《关于修改〈中华人民共和国野生动物保护法〉等十五部法律的决定》第五次修正).

[3] 中华人民共和国安全生产法(2002 年 6 月 29 日第九届全国人民代表大会常务委员会第二十八次会议通过,自 2002 年 11 月 1 日起实施).

[4] 建设工程质量管理条例(2000 年 1 月 30 日国务院令第 279 号).

[5] 公路水运工程质量检测管理办法(交通运输部令 2023 年第 9 号).

[6] 人力资源社会保障部 交通运输部关于印发《公路水运工程试验检测专业技术人员职业资格制度规定》和《公路水运工程试验检测专业技术人员职业资格考试实施办法》的通知(人社部发〔2015〕59 号).

[7] 交通运输部关于公布《公路水运工程质量检测机构资质等级条件》及《公路水运工程质量检测机构资质审批专家技术评审工作程序》的通知(交安监发〔2023〕140 号).

[8] 公路工程试验检测仪器设备服务手册(交办安监函〔2019〕66 号).

[9] 水运工程试验检测仪器设备检定/校准指导手册(交办安监〔2018〕33 号).

[10] 全国法制计量管理计量技术委员会.通用计量术语及定义:JJF 1001—2011[S].北京:中国质检出版社,2012.

[11] 国家认证认可监督管理委员会.检验检测机构资质认定能力评价 检验检测机构通用要求:RB/T 214—2017[S].北京:中国标准出版社,2017.

[12] 中国标准化研究院.计数抽样检验程序 第 1 部分:按接收质量限(AQL)检索的逐批检验抽样计划:GB/T 2828.1—2012[S].北京:中国标准出版社,2013.

[13] 全国统计方法应用标准化技术委员会.计量抽样检验程序 第 1 部分:按接收质量限(AQL)检索的对单一质量特性和单个 AQL 的逐批检验的一次抽样方案:GB/T 6378.1—2008[S].北京:中国标准出版社,2008.

[14] 全国法制计量管理计量技术委员会.法定计量检定机构考核规范:JJF 1069—2012[S].北京:中国标准出版社,2012.

[15] 中国钢铁工业协会.钢筋混凝土用钢 第 1 部分:热轧光圆钢筋:GB/T 1499.1—2017[S].北京:中国标准出版社,2018.

[16] 中国钢铁工业协会.钢筋混凝土用钢 第 2 部分:热轧带肋钢筋:GB/T 1499.2—2018[S].北京:中国标准出版社,2018.

［17］ 中国钢铁工业协会.冷轧带肋钢筋:GB/T 13788—2017［S］.北京:中国标准出版社,2018.

［18］ 中国钢铁工业协会.低碳钢热轧圆盘条:GB/T 701—2008［S］.北京:中国标准出版社,2008.

［19］ 中国钢铁工业协会.型钢验收、包装、标志及质量证明书的一般规定:GB/T 2101—2017［S］.北京:中国标准出版社,2018.

［20］ 中国钢铁工业协会.钢筋混凝土用钢材试验方法:GB/T 28900—2022［S］.北京:中国标准出版社,2022.

［21］ 中国钢铁工业协会.金属材料　拉伸试验　第1部分:室温试验方法:GB/T 228.1—2021［S］.北京:中国标准出版社,2021.

［22］ 中国钢铁工业协会.金属材料　弯曲试验方法:GB/T 232—2010［S］.北京:中国标准出版社,2010.

［23］ 中国钢铁工业协会.钢及钢产品　力学性能试验取样位置及试样制备:GB/T 2975—2018［S］.北京:中国标准出版社,2018.

［24］ 中国钢铁工业协会.预应力混凝土用钢材试验方法:GB/T 21839—2019［S］.北京:中国标准出版社,2019.

［25］ 中国钢铁工业协会.热轧圆盘条尺寸、外形、重量及允许偏差:GB/T 14981—2009［S］.北京:中国标准出版社,2009.

［26］ 中国钢铁工业协会.冶金技术标准的数值修约与检测数值的判定:YB/T 081—2013［S］.北京:冶金工业出版社,2013.

［27］ 中华人民共和国住房和城乡建设部.钢筋焊接及验收规程:JGJ 18—2012［S］.北京:中国建筑工业出版社,2012.

［28］ 中华人民共和国住房和城乡建设部.钢筋机械连接技术规程:JGJ 107—2016［S］.北京:中国建筑工业出版社,2016.

［29］ 中华人民共和国住房和城乡建设部.混凝土结构设计规范:GB 50010—2010［S］.北京:中国建筑工业出版社,2010.

［30］ 中华人民共和国住房和城乡建设部.钢筋焊接接头试验方法标准:JGJ/T 27—2014［S］.北京:中国建筑工业出版社,2014.

［31］ 中国标准化研究院.数值修约规则与极限数值的表示和判定:GB/T 8170—2008［S］.北京:中国标准出版社,2008.

［32］ 中国钢铁工业协会.钢筋混凝土用钢　第3部分:钢筋焊接网:GB/T 1499.3—2022［S］.北京:中国标准出版社,2022.

［33］ 中国钢铁工业协会.钢筋混凝土用钢筋焊接网　试验方法:GB/T 33365—2016［S］.北京:中国标准出版社,2017.

［34］ 中国钢铁工业协会.预应力混凝土用钢绞线:GB/T 5224—2023［S］.北京:中国标准出版社,2023.

［35］ 中国钢铁工业协会.预应力钢丝及钢绞线用热轧盘条:GB/T 24238—2017［S］.北京:中国标准出版社,2017.

[36] 中国钢铁工业协会.制丝用非合金钢盘条　第4部分:特殊用途盘条:GB/T 24242.4—2020[S].北京:中国标准出版社,2020.

[37] 中国钢铁工业协会.预应力混凝土用钢丝:GB/T 5223—2014[S].北京:中国标准出版社,2014.

[38] 中国钢铁工业协会.预应力混凝土用螺纹钢筋:GB/T 20065—2016[S].北京:中国标准出版社,2016.

[39] 中国钢铁工业协会.金属材料　线材　反复弯曲试验方法:GB/T 238—2013[S].北京:中国标准出版社,2013.

[40] 中国钢铁工业协会.金属材料　线材　第1部分:单向扭转试验方法:GB/T 239.1—2023[S].北京:中国标准出版社,2023.

[41] 中华人民共和国住房和城乡建设部.预应力筋用锚具、夹具和连接器:GB/T 14370—2015[S].北京:中国标准出版社,2015.

[42] 中国公路学会桥梁和结构工程分会.公路桥梁预应力钢绞线用锚具、夹具和连接器:JT/T 329—2010[S].北京:人民交通出版社,2011.

[43] 全国锻压标准化技术委员会.钢质模锻件　通用技术条件:GB/T 12361—2016[S].北京:中国标准出版社,2017.

[44] 全国铸造标准化技术委员会.灰铸铁件:GB/T 9439—2023[S].北京:中国标准出版社,2023.

[45] 全国铸造标准化技术委员会.球墨铸铁件:GB/T 1348—2019[S].北京:中国标准出版社,2019.

[46] 全国螺纹标准化技术委员会.普通螺纹　公差:GB/T 197—2018[S].北京:中国标准出版社,2018.

[47] 国家机械工业局.一般公差　未注公差的线性和角度尺寸的公差:GB/T 1804—2000[S].北京:中国标准出版社,2000.

[48] 国家标准化管理委员会.钢件的正火与退火:GB/T 16923—2008[S].北京:中国标准出版社,2008.

[49] 国家标准化管理委员会.钢件的淬火与回火:GB/T 16924—2008[S].北京:中国标准出版社,2008.

[50] 中国机械工业联合会.重型机械通用技术条件　第10部分:装配:JB/T 5000.10—2007[S].北京:机械工业出版社,2007.

[51] 中国机械工业联合会.重型机械通用技术条件　第15部分:锻钢件无损探伤:JB/T 5000.15—2007[S].北京:机械工业出版社,2007.

[52] 中国钢铁工业协会.预应力混凝土用钢棒:GB/T 5223.3—2017[S].北京:中国标准出版社,2017.

[53] 中国建筑材料联合会.结构工程用纤维增强复合材料筋:GB/T 26743—2011[S].北京:中国标准出版社,2011.

[54] 住房和城乡建设部标准定额研究所.纤维增强复合材料筋:JG/T 351—2012[S].中国建筑工业出版社,2012.

［55］ 中国机械工业联合会.金属材料　静力单轴试验机的检验与校准　第 1 部分:拉力和（或）压力试验机　测力系统的检验与校准:GB/T 16825.1—2022［S］.北京:中国标准出版社,2023.

［56］ 中国钢铁工业协会.金属材料　布氏硬度试验　第 1 部分:试验方法:GB/T 231.1—2018［S］.北京:中国标准出版社,2018.

［57］ 中国钢铁工业协会.金属材料　洛氏硬度试验　第 1 部分:试验方法:GB/T 230.1—2018［S］.北京:中国标准出版社,2018.

［58］ 中国机械工业联合会.金属材料　布氏硬度试验　第 2 部分:硬度计的检验与校准:GB/T 231.2—2022［S］.北京:中国标准出版社,2022.

［59］ 中国机械工业联合会.金属材料　洛氏硬度试验　第 2 部分:硬度计及压头的检验与校准:GB/T 230.2—2022［S］.北京:中国标准出版社,2022.

［60］ 全国力值、硬度计量技术委员会.金属布氏硬度计:JJG 150—2005［S］.北京:中国计量出版社,2005.

［61］ 全国力值硬度计量技术委员会.金属洛氏硬度计(A,B,C,D,E,F,G,H,K,N,T 标尺):JJG 112—2013［S］.北京:中国计量出版社,2014.

［62］ 住房和城乡建设部标准定额研究所.预应力混凝土用金属波纹管:JG/T 225—2020［S］.中国建筑工业出版社,2020.